"十二五"国家重点图书出版规划项目
杰出青年学者研究文丛

量子有限自动机：
等价性和最小化

Quantum Finite Automata: Equivalence and Minimization

◎ 李绿周　邱道文 著

ZHEJIANG UNIVERSITY PRESS
浙江大学出版社

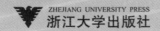

图书在版编目(CIP)数据

量子有限自动机 : 等价性和最小化 / 李绿周, 邱道文著. —杭州 : 浙江大学出版社, 2019.6
(杰出青年学者研究文丛)
ISBN 978-7-308-15199-3

Ⅰ.①量… Ⅱ.①李… ②邱… Ⅲ.①量子—计算—应用—自动机理论 Ⅳ.①TP301.1

中国版本图书馆 CIP 数据核字(2015)第 235656 号

量子有限自动机:等价性和最小化
李绿周　邱道文　著

责任编辑　张凌静　金　蕾
责任校对　候鉴峰
封面设计　刘依群
出版发行　浙江大学出版社
(杭州市天目山路 148 号　邮政编码 310007)
(网址:http://www.zjupress.com)
排　　版　杭州星云光电图文制作有限公司
印　　刷　杭州钱江彩色印务有限公司
开　　本　710mm×1000mm　1/16
印　　张　8.75
字　　数　153 千
版 印 次　2019 年 6 月第 1 版　2019 年 6 月第 1 次印刷
书　　号　ISBN 978-7-308-15199-3
定　　价　56.00 元

前　言

量子计算是计算机科学与量子力学交叉产生的新兴学科，经过30多年的发展，在理论和实验方面都已经取得了长足的进展。目前，发展量子计算已成为世界大国占领科技制高点的一个重要举措。量子计算的研究得到了政府部门、学术界以及企业界的高度重视与支持。最近，美国陆军发布的将在未来30年改变世界的20项重大科技趋势就包含了量子计算。我们国家从2006年的《国家中长期科学和技术发展规划纲要(2006—2020年)》到“十三五规划”，都把量子计算纳为重要研究内容。《国家自然科学基金“十三五”发展规划》把量子计算列为“十三五”期间拟重点布局的优先领域或研究方向。谷歌、微软、IBM等国际巨头公司都成立了量子计算方面的研究团队，致力于把量子计算推向实际应用领域。

本书从计算机科学领域自动机理论的角度来考察量子计算，力图通过有限自动机这个简单而重要的模型来探索量子计算与经典计算的一些本质差异，认识量子计算的计算能力和局限性。全书共分为6章。第1章是绪论，主要介绍量子计算和量子自动机相关的背景知识及本书要讨论的问题。第2章介绍本文要用到的一些基本概念和符号，主要包括线性空间、量子力学，以及经典自动机理论中的一些基本概念和符号。第3章介绍量子有限自动机模型及量子时序机，也是本书要讨论的对象之一。第4章集中讨论几类主要量子自动机的等价性问题，主要包括量子时序机(QSM)、测量一次的单向量子有限自动机(MO-1QFA)、测量多次的单向量子有限自动机（MM-1QFA）、带控制语言的单向量子有限自动机（CL-1QFA）、多字符量子有限自动机的等价性问题。分别给出各类模型中两个机器等价的充分必要条件，详细地给出多项式时间的等价性判定算法。第5章讨论一般单向量子有限自动机，包括其语言识别能力和等价性问题。第6章讨论量子有限自动机的最小化问题，证明几类主要的量子有限自动机的最小化问题是可解的。

本书得以顺利完成，得了学术界众多前辈、同行的帮助和支持，也得到了作者所在工作单位中山大学数据科学与计算机学院许多领导与同事的关心和支持，在此不一一列举，诚挚地道一声谢谢！同时，特别感谢浙江大学出版社张凌静编辑在本书出版过程中给予的支持！最后，本书得以顺利完成离不开家人在背后默默的支持，感谢他们！

由于量子计算近几年发展迅速，加上作者学识浅陋，必有许多不足之处，希望大家提出意见并指正。

作　者

2019年3月

目　录

1 绪 论

本章主要简要介绍本书的背景、所研究的问题，以及主要贡献。

1.1 量子计算

自20世纪中期以来，经典计算理论取得了巨大的成功。如摩尔定律所预测，集成电路芯片上所集成的电路的数目，每隔18个月就翻一番，微处理器的性能每隔18个月也提高一倍。然而，摩尔定律是存在极限的，芯片的集成度不可能无限制地增长下去。那么该如何继续保持计算性能的增长呢?为此，一些新的计算方式被提出来，并得到研究，如量子计算、DNA计算、光子计算等，其中量子计算以其内在的并行性和潜在的物理可实现性尤为引人注目。

量子计算作为20世纪两大重要科学技术（量子力学和计算机科学）相互结合产生的交叉学科，具有广阔的发展前景。近年来，世界上许多著名高校和科研机构都积极投入到这方面的研究中来，各国政府也加大了对其相关研究计划的支持。我们国家也十分重视量子计算方面的研究。为此，《国家中长期科学和技术发展规划纲要（2006—2020年）》中明确规定把“量子调控”列入基础研究中的重大科学研究计划中，量子计算就是其研究内容之一。

下面简要回顾一下量子计算的发展背景。

1.1.1 量子计算的影子——可逆计算

量子计算的历史最早可以追溯到可逆计算。我们知道,经典计算机中的信息处理过程是通过逻辑门来实现的,这些逻辑门可能是不可逆的。比如,逻辑"与"门就是不可逆的,因为它把两位输入比特变为一位输出比特,从而无法从输出结果确定输入是什么;另一方面,逻辑"非"门是可逆的,因为可以通过它的输出结果来确定输入是什么。也可以从信息擦除的角度来理解不可逆性。如果一个逻辑门是不可逆的,则在执行它时会擦除信息,比如逻辑"与"门把两位输入变成一位输出,擦除了一位信息。相反地,如果一个逻辑门是可逆的,则在执行它时不会擦除信息,比如逻辑"非"门。之所以讨论计算的可逆性问题,是因为它与计算的能耗问题紧密相关。1961 年,IBM 的科学家 Landauer 在这方面得到了较为明确的结论,他给出了所谓的 Landauer 原理[2]:假设计算机擦除一比特的信息,则散发到环境中的能量至少是 $k_B T\ln 2$,其中 k_B 是 Boltzmann 常数,T 是环境温度。Landauer 原理表明不可逆计算会引起能耗,并给出了能耗下限。Landauer 的工作激发了人们研究可逆计算的热情。1973 年,IBM 的 Bennett[3] 在这方面取得了重要进展,他证明任意一个经典图灵机都可以用一个可逆图灵机进行有效的模拟。换句话说,经典计算过程是可以以可逆方式进行的,且不影响计算能力。值得指出的是,可逆计算又有了新的发展,在这个过程中人们关注的是可逆计算与其他科学问题而非能耗问题的关系,这方面的最新研究进展可参考综述文献[4]。

尽管研究可逆计算的初衷是讨论计算的能耗问题,但是在无意识中它却与量子计算达成了共识,因为量子计算是可逆的。当然,量子计算还具有更多的特性。事实上,可逆计算的一些研究成果在进行量子计算研究时是能用到的。

1.1.2 量子图灵机与量子线路

虽然我们把量子计算的历史追溯到可逆计算,但是人们真正开始思考量子计算方面的问题则可以从 Benioff 的工作谈起。1980 年,Benioff[5] 考虑了基于量子力学的计算设备，表明基于量子力学的计算设备可以模拟经典计算机。一年之后，Feynman[6]勾勒出以量子现象实现计算的愿景，他指出经典计算机不能有效地模拟量子力学系统，而基于量子力学规律的计算机才可能实现上述模拟①。以上工作促使 Deutsch[7]在 1985 年重新考察了丘奇-图灵论题，然后提出了以下命题：任何有限的可实现的物理系统必能被一个包含有限操作的通用计算模型精确地模拟。Deutsch 所指的包含有限操作的计算模型不可能是经典图灵机，因为经典图灵机是离散的，而现实物理中的状态空间是连续的。因此，Deutsch 定义了量子图灵机。换句话说，任何有限的可实现的物理系统必能被一个通用量子图灵机精确模拟。至此，量子计算开始具备了基本的数学模型。

量子图灵机只是一个抽象的理论模型，那么如何将它具体化呢？我们知道经典计算机是利用逻辑门构成的线路来模拟经典图灵机的，因此构造量子计算机的任务也自然归结到建立一个由量子逻辑门组成的量子线路。关于量子图灵机与量子线路关系的一个重要结论是由 Yao[8]在 1993 年给出的，他证明量子线路模型和量子图灵机是等价的，即任意在量子图灵机上可以多项式时间计算的函数，都有一个多项式规模的量子线路；反之亦然。

1.1.3 量子算法

虽然前面提到的工作为量子计算理论的发展奠定了基础，但是真正把量子计算引入大众视野、掀起研究热潮的是 Shor 算法的提出。1994 年，Shor[9]提出了著名的大数因子分解量子算法，该算法可在多项式时间内解决经典计算中的 NP 问题，是对经典算法的指数级加速。Shor 算法的提出使得经典密码系统受到了巨大的威胁，激起了人们对量子计算的极大兴趣。1996 年，Grover[10]又进一步提出了在无序数据库中寻找特定目标的量子搜索算法，该算法可比经典算法平方根加速。粗略看来，Grover 算法似乎不比经典算法优越多少，但是由于 Grover 算法所针对的问题在现实生活中具有广泛的应用背景，从而使得 Grover 算法具有很强的应用价值。因此，Grover 算法在量子计算的发展史中也占有十分重要的地位。

---

① Feynman 在 1981 年的一次演讲中就讲过这些内容，而将其最终发表在学术期刊上则是在 1982 年。

自从 Shor 算法开启了量子计算的新阶段后，国际上越来越多的学者加入到了量子计算的研究中来。经过二十多年的发展，量子计算已成为一门充满魅力与挑战的新兴交叉学科，相关技术的研究已成为世界各国战略竞争的焦点之一。

1.2 量子自动机

经典自动机在计算理论中扮演着十分重要的角色[11]，对它们的研究有助于认识各种计算方式的能力与局限性，同时也是计算复杂性理论的基础。随着量子计算的兴起，研究量子自动机也必将对量子计算理论的发展起着重要的作用。对量子自动机的探索有助于认识量子计算的能力和局限性，同时也有助于理解量子计算与经典计算的本质差异。

1.2.1 概况

量子自动机的转移函数必须服从量子力学规律，因而具有酉性（可初略理解为可逆性），同时计算结果要通过测量以一定的概率得到。大体上可以这样来理解量子自动机：当把概率自动机中的概率换成概率振幅时，它就成了量子自动机。概率振幅是个复数，它的模的平方表示概率。正是这些特点，使得量子自动机表现出一些与经典自动机完全不同的特性。

如同经典自动机一般，量子自动机也涉及多种不同类型，包括量子有限自动机[12-15]、量子时序机[16-18]、量子下推机[12,16,19-22]、量子图灵机[7,23-28]、量子计数自动机[29-32]、量子元胞自动机[33-37]，以及基于量子逻辑的自动机理论[38-47]，等等。值得指出的是，量子元胞自动机作为一种重要的量子计算模型吸引了物理界和计算机界众多学者的关注，其研究成果之多需要专门的著作才可能梳理清楚。本书主要讨论量子有限自动机，其他一些计算模型虽被提及，但不做详细讨论。量子有限自动机方面的综述性文献也可参考文献[48-49]。

1.2.2 量子有限自动机(QFA)

有限自动机，作为经典计算理论中一种基本而重要的计算模型，得到了深入系统的研究(详细信息可参考 Hopcroft 和 Ullman 的专著[11]),这自然引发人们思考它的量子情形——量子有限自动机(quantum finite automata,QFA)。另外,目前来看,量子内存是很昂贵的,因此考察利用有限的小规模量子资源能完成什么任务显得很有意义,这也为研究 QFA 提供了合适的理由。因此,作为具有有限内存的量子计算机的理论模型,QFA 被提出来并得到广泛研究。QFA 首先由 Moore 和 Crutchfield[12] 以及 Kondacs 和 Watrous[13]分别以不同形式提出。到目前为止,已有多种不同类型的 QFA 模型得到研究,它们的差别主要表现在以下三方面:①带头的移动方向;②状态转移函数所满足的要求;③测量的次数。

第一个影响 QFA 定义的因素是自动机带头的移动方向。QFA 可以分为单向量子有限自动机(1QFA)[12-13] 和双向量子有限自动机(2QFA)[13]。1QFA 每读入一个输入字符,带头必须往右移动一格;而 2QFA 每读入一个输入字符,带头可以左移一格、右移一格,或者不动。另外,Amano 和 Iwama[50]讨论了一种称为1.5向量子有限自动机(1.5QFA)的模型,其中带头只能右移或者不动。特别地,Amano 和 Iwama[50]证明了空问题对 1.5QFA 是不可判的。所谓空问题,即判断一个自动机接受的语言是否为空,它是自动机理论中的基本问题之一。

第二个影响 QFA 定义的因素是状态转移函数所满足的要求。早期,通常假设 QFA 的状态转移函数满足酉性,即 QFA 每读入一个字符,都执行一个酉操作。这是为了与量子力学假设(封闭量子力学系统的状态演化由酉算子所刻画)相一致。后来,研究者发现 QFA 不一定是个封闭系统,它可以和外界环境交互,从而是一个开放系统。因此,QFA 的状态转移函数可以更具一般性。例如,文献[51]定义的 GQFA 和文献[52]定义的 LQFA,状态转移可以由投影测量与酉算子组成的有限序列来描述。事实上,在最一般的情况下,QFA 的状态转移可由保迹量子运算来描述[53-56],我们称这样的模型为 gQFA[57]。另外,由于基于测量的量子计算近年在学术界引起了强烈反响[58-60],所以也有学者开始考虑基于测量的 QFA[61-62],即每读入一个字符,QFA 只能执行测量操作。

最后一个影响 QFA 定义的因素是测量的次数。QFA 在读入输入字符的过程中,要通过测量操作来判断机器是否进入接受状态。因此,我们有两种测量方式:①测量一次的(measured-once),即在所有输入字符读完之后才做一次测量,以决定机器是接受还是拒绝;②测量多次的(measured-many),即每读入一个输入字符都做一次测量,以决定机器是停止(接受或拒绝)还是继续读入下一字符。据此,Moore 和 Crutchfield[12]定义的模型称为测量一次的1QFA,简记为 MO-1QFA;而 Kondacs 和 Watrous[13]给出的1QFA 模型称为测量多次的1QFA,简记为 MM-1QFA。目前已有大量文献讨论这两个模型的相关问题。

需要指出的是,在文献[63]中,有一类称为混合 QFA 的模型值得关注。这样的模型由两部分组成:一个量子部件和一个经典部件,两者之间可以相互通信。属于这类模型的有带控制语言的单向量子有限自动机(CL-1QFA)[64]、带量子和经典态的双向有限自动机(2QCFA)[65]及其单向变种1QCFA[142],还有带经典态的单向量子有限自动机(1QFAC)[66]。这类模型的有趣之处至少可以反映在以下两个方面:

一方面,混合模型比纯量子模型更具可实现性。就目前的技术来说,制造大规模的量子处理器仍然是一个长期目标,而建立一个由经典系统加上少量的量子比特组成的混合系统则相对容易得多。另外,在混合模型中,自动机的带头可由经典部分来控制,这也使得它更容易实现。例如,考虑到2QFA[13]的带头是量子的,不易实现,文献[65]提出了 2QCFA 模型。2QCFA 就是一个混合模型,它的带头是经典的,从而与 2QFA 相比更容易实现,但是计算能力似乎并没有减弱。

另一方面,由于混合模型具有经典和量子两部分资源,因此给定一个问题时,可以通过适当设计,在经典资源和量子资源之间找到一种平衡。已有一些研究成果表明,在一个经典有限自动机上辅助少量量子比特,会使得自动机的计算能力快速提升或者所用资源(比如状态数)大大降低[65-70]。

1.2.3 QFA 的主要研究工作

到目前为止,关于 QFA 的主要研究工作概括起来可以分为以下三个方面:第一是对 QFA 语言识别能力的刻画①,这方面集中了大量的研究工作,例如文献[13-15]等。总体上来说,1QFA 的语言识别能力没有超越对应的经典模型——确定有限自动机(deterministic finite automata,DFA)和概率

① 本书中,称一个 QFA 接受(或识别)语言 L,默认情况是指以有界误差方式接受,具体定义见第 2 章 2.3 节。

有限自动机(probabilistic finite-state automata,PFA),有时甚至更差;即使允许执行最一般的操作——保迹量子运算,1QFA 最多只能和 DFA 一样强[57]。相反地,2QFA 比对应的经典模型的语言识别能力显著增强。Kondacs 和 Watrous[13]证明 2QFA 不仅能在线性时间内识别所有的正则语言,还能在线性时间内识别非正则语言 $L_{eq}=\{a^n b^n \mid n\geqslant 1\}$,而 2QFA 的经典对应模型——双向概率有限自动机(2PFA)不可能达到同样的效果[71-73]。事实上,2PFA 若要识别非正则语言,必须花费指数时间[72-73]。

严格来说,2QFA 违背了“有限”的精神,因为它的带头可以同时处于多个不同的位置,是个叠加态,因此用来保存带头位置的量子比特数与输入长度有关。考虑到这点,Ambainis 和 Watrous[65]提出了前面所说的 2QCFA 模型。尽管 2QCFA 的带头是经典的,但是它的计算能力似乎并没有减弱,因为在文献[65]中证明了 2QCFA 不仅能在多项式时间内识别 L_{eq},还能识别回文语言 $L_{pal}=\{x\in\{a,b\}^* \mid x=x^R\}$(指数时间内);而 2PFA 在任意时间内都无法识别回文语言 L_{pal}[74]。至于 2QFA 和 2QCFA 的计算能力之间的关系,目前还没有明确的结论。

几种主要 QFA 模型的语言识别能力的关系如图 1.1 所示,其中个别未提及的模型在后续章节中会陆续介绍。

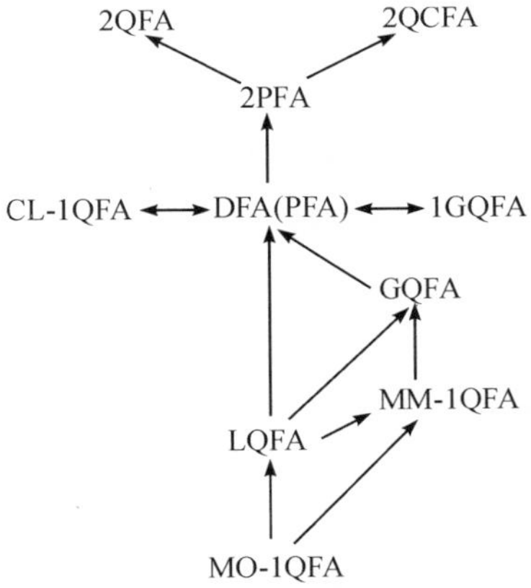

图 1.1 几类主要 QFA 模型的语言识别能力的关系

双向箭头表示相等,例如在图 1.1 中表明 CL-1QFA 和 DFA(PFA)语言识别能力相同,事实上它们都识别正则语言;单向箭头表示位于箭头尾部的模型弱于位于头部的模型,例如 2PFA 弱于 2QFA,因为如前所述,线性时间内 2QFA 能识别 2PFA 无法识别的语言。目前除了不清楚 MM-1QFA 是否严格弱于 GQFA 外，其他的单向箭头都是表示严格弱的关系。

关于 QFA 另一个值得讨论的问题是状态复杂性。经典有限自动机的状态复杂性问题得到了比较深入的研究，有关这方面的详细介绍可参考文献[75]。目前对 QFA 状态复杂性的研究主要考虑以下问题：给定一个语言，找出识别它的 QFA 和对应的经典自动机的状态数之间的关系。这方面的主要文献有[15,51,66,68-69,76-84]。有趣的是，与经典有限自动机相比，QFA 在状态复杂性方面有时更好，有时则更差。例如，Ambainis 和 Freivalds[15] 证明了对语言 $L_p=\{a^i \mid i$ 可被素 p 整除$\}$，存在一个 1QFA 接受它，其状态数要比任何接受该语言的 DFA 和 PFA 的状态数指数性弱。另一方面，文献[51,76]证明了接受语言 $L_m=\{w \mid w\in\{0,1\}^*, |w|\leqslant m\}$ 的 1QFA 要比接受该语言的 DFA 的状态数指数性强。QFA 在这方面表现出来的一些有趣的特性值得进一步探索。

关于 QFA 的另外两个紧密相关的问题是等价性问题和最小化问题，这是本书要重点讨论的问题，在 1.3 节将进一步详细地介绍其相关背景与结论。

1.2.4 QFA 和其他研究分支的联系

总的来说，目前关于 QFA 的研究主要集中于对 QFA 自身属性的讨论，包括语言识别能力、状态复杂性、等价性和最小化问题等。毋庸置疑，这些问题是关于 QFA 的基本问题，应该对它们进行深入的研究。然而，若能把 QFA 的研究与理论计算机科学的其他分支联系起来，那将使得 QFA 的研究内容更加丰富，或许能打开 QFA 研究的新局面。目前看来，至少在以下几个方面可以尝试：

第一，QFA 和量子通信复杂性的联系。通信复杂性是理论计算科学的一个重要研究分支，它关注的是通信双方相互交换信息的多少，详细介绍可参考 Kushilevitz[85] 和 Hromkovič[86] 的专著。早在 1986 年，Hromkovič[87] 就指出单向通信协议的复杂性和确定有限自动机的状态数之间存在一定关系。之后，文献[88-92]进一步利用通信复杂性与有限自动机状态数之间的关系讨论了非确定有限自动机、概率有限自动机，以及双向有限自动机的状态复杂性问题。Hromkovič在其关于通信复杂性的专著[86]中用专门的章节来论述通信协议和有限自动机以及图灵机之间的关系。事实上，通信复杂性的相关方法和结论不仅可以用来求有限自动机的状态复杂性，而且还可用来求图灵机的时间和空间复杂性。

随着量子计算的兴起，人们开始考虑量子通信复杂性的问题。量子通信复杂性模型首先由 Yao[8] 给出，其后得到进一步研究，这方面的综述文献有[93-95]。正如经典自动机与经典通信复杂性存在关联一样，QFA 也应该和量子通信复杂性存在关联。例如，Klauck 在文献[96]中就用求通信复杂性下界的方法给出了 QFA 的状态数下界，表明在某些情况下 QFA 以 Las Vegas① 方式接受语言时不能比 DFA 节省太多的状态。如何尽可能地把 QFA 与量子通信复杂性的关联性挖掘出来有待进一步探索。

第二，QFA 和量子交互式证明系统的联系。经典交互式证明系统由 Babai[97]（期刊版本见文献[98]）和 Goldwasser 等[99]（期刊版本见文献[100]）在第十七届 ACM 计算理论年会上各自独立地提出来，其后发展成为理论计算机科学的一个重要研究方向。一个交互式证明系统包含一个证实者（verifier）和一个证明者（prover），证实者通常是一个多项式时间的图灵机，证明者是一个计算能力没有限制的机器。随着研究的深入，研究者也考虑用计算能力更弱的模型作为证实者，比如 Dwork 和 Stockmeyer[74] 考虑用双向概率有限自动机作为证实者，并得到一些有意义的结论。

量子交互式证明系统由 Watrous[101] 于 1999 年首次提出来，其后成为从理论计算机科学的角度研究量子计算的热点问题。这方面的最新研究结果表明量子交互证明系统在计算能力方面并没有超越经典交互式证明系统[102]。尽管如此，量子交互式证明系统方面仍然还有许多问题不清楚，需要进一步研究。一般的量子交互式证明系统是以量子图灵机或者量子线路模型作为证实者的。类似的，同样可以考虑以 QFA 作为证实者的相关问题。Nishimura 和 Yamakami[103] 首次在这方面做了尝试，文献[104]也在这方面做了进一步的讨论。总的来说，以 QFA 作为证实者的量子交互式证明系统的研究还很少，有待进一步深入讨论。

---

① 具有概率行为的计算模型 M 以 Las Vegas 方式接受语言 L，是指识别 L 时不会出错，但可以以一定概率 ϵ 输出“不知道”。更具体地，当 $x\in L$ 时，M 以大于 $1-\epsilon$ 的概率接受 x，以小于 ϵ 的概率输出“不知道”；当 $x\notin L$ 时，M 以大于 $1-\epsilon$ 的概率拒绝 x，以小于 ϵ 的概率输出“不知道”。

第三,QFA 和量子模型检测的联系。随着量子计算的发展,建立量子模型检测理论也显示出了必要性。我们知道经典模型检测理论是以有限自动机模型为基础的[105]。那么,量子模型检测理论也必然与 QFA 紧密相关。目前,在量子模型检测方面已经有了一些初步工作[106-108],从中可以看到 QFA 是用来描述量子系统的合理模型。有关这方面的研究有待进一步加强。

1.3 等价性和最小化问题

本书主要讨论 QFA 的等价性和最小化问题。下面首先了解一下经典自动机在这方面的研究情况,然后概要性地介绍量子自动机的相关结论以及本书作者的主要贡献。相关结论的详细证明过程将在后续章节中给出。

1.3.1 经典自动机情形

我们知道,等价性和最小化问题是经典自动机理论中的两个基本而重要的问题,相关背景可参考综述性文献[109]。称两个有限自动机等价,是指它们识别的语言相同。有限自动机的等价性问题就是判定两个给定的有限自动机是否等价。有限自动机的最小化问题,即给定一个有限自动机,要找到一个最少状态的同类型自动机与之等价。这两个问题是紧密相关的,通常等价性判定是最小化的基础。我们知道,存在多项式时间算法可判断任意给定的两个 DFA 是否等价[11]。以此为基础,可进一步给出 DFA 的最小化算法。文献[110]给出一个算法,对于任意给定的 n-态 DFA 可在时间 $O(n\log_2 n)$ 内找到一个与之等价的最小 DFA。不过对于非确定有限自动机而言,以上两个问题都没有有效时间的算法,它们被证明都是PSPACE-完全的[109]。

对于概率有限自动机,同样可以讨论上述两个问题。文献[111]中讨论了概率有限自动机的等价性问题,给出了两个概率有限自动机等价的充分必要条件,后来文献[112]给出了多项式时间的等价性判定算法。仍然有一些工作在讨论这方面的问题,比如文献[113,114]。其中,Murawski 和

Ouaknine 在文献[114]中讨论了把概率有限自动机的等价性问题应用到概率程序的相关问题。至于概率有限自动机的最小化问题，多年来一直未有明确的结果，直到 Mateus 等在文献[115]中证明它是可解的。

1.3.2 量子自动机情形

鉴于等价性和最小化问题在经典自动机理论中的重要地位，研究量子自动机时自然也要考虑这两个问题。事实上，这正是本书要重点讨论的问题。下面将回顾这方面的研究进展并介绍我们所做的贡献。

关于等价性问题，目前这方面的工作主要集中在量子有限自动机和量子时序机方面。量子时序机作为随机时序机[111]的量子化形式于 2000 年由美国学者 Gudder[16]提出，并且 Gudder 在文献[16]中提出了一个关于量子时序机的等价性问题。其后，本书第二作者在文献[17]中对该问题进行了部分解答。接着，本书作者在文献[18,116]中完全解决了该问题，给出了两个量子时序机等价的充分必要条件，并构造了多项式时间的等价性判定算法。

关于 MO-1QFA 的等价性问题文献[14]首先给出了主要解决思路，文献[117]然后对此做了细化处理。文献[116]从量子时序机的角度对 MO-1QFA 的等价性问题做了进一步讨论。2000 年，Gruska 教授在文献[118]中提出：是否可判定两个 MM-1QFA 的等价性？其后，虽然对该问题有一些讨论，但是后来被发现是错误的。直到 2008 年，本书作者在文献[119]中正确地解决了该问题，给出了两个 MM-1QFA 等价的充分必要条件，并说明存在多项式时间的等价性判定算法。在文献[119]中，也给出了两个 CL-1QFA 等价的充分必要条件。

2009 年，本书第二作者和加拿大西安大略大学 Yu Sheng 教授在文献[120]中考虑了多字符量子有限自动机的等价性问题，给出了输入字母表只有一个元素时两个多字符量子有限自动机等价的充分必要条件。进一步，本书作者及合作者在文献[121]中考虑了最一般的情形，给出了两个多字符量子有限自动机等价的充分必要条件，并给出了多项式时间的等价性判定算法。

2012 年，本书作者及合作者也解决了一般单向量子有限自动机的等价性问题[57]。

关于最小化问题,早在 2000 年,Moore 和 Crutchfield[12] 给出 MO-1QFA 的定义的时候,就提出了一个开放性问题:对于给定的 MO-1QFA,是否存在一个状态数最小的 MO-1QFA 与之等价?其后这个问题一直没有解决,直到 2012 年,本书作者及合作者在文献[115]中解决了该问题。文献[115]证明了几类主要 QFA 模型的最小化问题都是可解的,即存在算法,对任意给定的 QFA,可以找到一个状态数最小的同类型 QFA 与之等价。另外,也证明了概率有限自动机的最小化问题是可解的。

本书后文将详细证明上述结论。

2 预备知识

本章主要是给出后面要用到的一些关于线性代数、量子力学以及经典自动机理论方面的基本概念和符号。首先介绍一个在本书后文中会经常用到的符号

$$\prod_{i=1}^{n} \boldsymbol{A}_i = \boldsymbol{A}_n \cdots \boldsymbol{A}_2 \boldsymbol{A}_1.$$

注意它与通常情况下所表示的 $\boldsymbol{A}_1 \boldsymbol{A}_2 \cdots \boldsymbol{A}_n$ 是不同的。

2.1 线性代数的相关概念与符号

下面给出本书要用到的一些关于线性空间和矩阵的概念。由于线性算子与矩阵在一定意义下是等价的，因此下面以矩阵形式给出的一些定义，同样可用算子的形式给出。在本书中，不对线性算子和矩阵做严格区分，常用它们指同一对象。

2.1.1 线性空间

$\mathbb{C}$ 表示复数域，$\mathbb{C}^{n\times m}$ 表示复数域上所有 $n\times m$ 矩阵所组成的集合。一般来说，若没有特别指明，本书中所用到的数域就是复数域，个别情况也会限定到实数域 $\mathbb{R}$ 。本书所用到的线性空间通常都指复线性空间。$\mathbb{C}^n$ 是常用的线性空间，它表示 n 维的列向量所形成的线性空间。其实，矩阵集合 $\mathbb{C}^{n\times m}$ 也是一个

线性空间，它的维数是 nm。对于非空向量组 $\boldsymbol{S}=\{v_1,v_2,\cdots,v_n\}$，span $\boldsymbol{S}$ 表示 $\boldsymbol{S}$ 所生成的线性空间，即形如下面式的向量所组成的集合：

$$\boldsymbol{v}=\sum_i \alpha_i v_i, \tag{2.1}$$

其中，α_i 为任意复数。对线性空间$\mathcal{S}$，dim $\mathcal{S}$表示它的维数。

定义了内积操作的线性空间为内积空间，例如对前面的$\mathbb{C}^n$，若按通用内积操作进行定义，则成为内积空间。进一步，完备的内积空间称为 Hilbert 空间。在有限维的情况下，Hilbert 空间就是指内积空间。事实上本书所讨论的所有线性空间都是有限维的。

线性空间之间的变换可用线性算子（线性变换）来描述。令$\mathcal{H}_1$ 和$\mathcal{H}_2$ 是两个线性空间。线性映射 $f:\mathcal{H}_1\to\mathcal{H}_2$ 称为从$\mathcal{H}_1$ 到$\mathcal{H}_2$ 的线性算子。当$\mathcal{H}_1$ 和$\mathcal{H}_2$ 相同时，都记为$\mathcal{H}$，则称 f 为$\mathcal{H}$上的线性算子。$L(\mathcal{H})$表示线性空间$\mathcal{H}$上的所有线性算子组成的集合。给定线性空间的标准正交基，则线性算子可由一个矩阵给出。另外，给出一个矩阵，就可以确定一个线性算子。因此，在线性空间的基给定的前提下，线性算子和矩阵是等价的。因此，在本书中会交替地使用矩阵和线性算子来表示同一个对象。

2.1.2 狄拉克符号

在量子力学中，习惯用狄拉克符号$|\cdot\rangle$表示列向量，例如列向量

$$\boldsymbol{v}=\begin{bmatrix} v_1 \\ v_2 \\ \vdots \\ v_n \end{bmatrix}, \tag{2.2}$$

通常记为$|\boldsymbol{v}\rangle$。而用$\langle\cdot|$表示行向量，并且$\langle\boldsymbol{v}|$表示$|\boldsymbol{v}\rangle$的共轭转置，即$\langle\boldsymbol{v}|=|\boldsymbol{v}\rangle^{\dagger}$。根据狄拉克表示法，$\langle\boldsymbol{v}|\boldsymbol{v}'\rangle$表示$|\boldsymbol{v}\rangle$和$|\boldsymbol{v}'\rangle$所代表的向量的内积，$|\boldsymbol{v}\rangle\langle\boldsymbol{v}'|$表示$|\boldsymbol{v}\rangle$所代表的列向量和$\langle\boldsymbol{v}'|$所代表的行向量的乘积，因而是一个矩阵。

2.1.3 矩阵的基本操作

对矩阵 $\boldsymbol{A}$，分别用 $\boldsymbol{A}^{\dagger}$、$\boldsymbol{A}^{*}$、$\boldsymbol{A}^{\mathrm{T}}$ 表示 $\boldsymbol{A}$ 的共轭转置、共轭以及转置；tr$(\boldsymbol{A})$

表示 $\boldsymbol{A}$ 的迹,即对角线元素之和;rank($\boldsymbol{A}$)表示 $\boldsymbol{A}$ 的秩。对矩阵 $\boldsymbol{A}\in\mathbb{C}^{n\times m}$ 和 $\boldsymbol{B}\in\mathbb{C}^{p\times q}$,$\boldsymbol{A}\oplus\boldsymbol{B}$ 表示它们的直和,是一个$(n+p)\times(m+q)$矩阵,定义为

$$\boldsymbol{A}\oplus\boldsymbol{B}=\begin{bmatrix}\boldsymbol{A} & 0\\ 0 & \boldsymbol{B}\end{bmatrix}. \tag{2.3}$$

$\boldsymbol{A}\otimes\boldsymbol{B}$ 表示 $\boldsymbol{A}$ 和 $\boldsymbol{B}$ 的直积,是一个 $np\times mq$ 矩阵,定义为

$$\boldsymbol{A}\otimes\boldsymbol{B}=\begin{bmatrix}\boldsymbol{A}_{11}\boldsymbol{B} & \cdots & \boldsymbol{A}_{1m}\boldsymbol{B}\\ \vdots & \ddots & \vdots\\ \boldsymbol{A}_{n1}\boldsymbol{B} & \cdots & \boldsymbol{A}_{nm}\boldsymbol{B}\end{bmatrix}. \tag{2.4}$$

对于向量 $\boldsymbol{u}=(x_1,x_2,\cdots,x_n)^{\mathrm{T}}\in\mathbb{C}^n$ 和 $\boldsymbol{v}=(y_1,y_2,\cdots,y_m)^{\mathrm{T}}\in\mathbb{C}^m$,它们的直和定义为 $\boldsymbol{u}\oplus\boldsymbol{v}=(x_1,x_2,\cdots,x_n,y_1,y_2,\cdots,y_m)^{\mathrm{T}}$。它们的直积 $\boldsymbol{v}\otimes\boldsymbol{u}$ 与上述矩阵直积定义一致,只要把 u、v 看成特殊的矩阵即可。进一步,可定义空间的直和与直积。设$\mathcal{H}_1$ 和$\mathcal{H}_2$ 是两个线性空间,则

$$\mathcal{H}_1\oplus\mathcal{H}_2=\{\boldsymbol{v}:\boldsymbol{v}=v_1\oplus v_2,v_1\in\mathcal{H}_1,v_2\in\mathcal{H}_2\}, \tag{2.5}$$

$$\mathcal{H}_1\otimes\mathcal{H}_2=\{\boldsymbol{v}:\boldsymbol{v}=v_1\otimes v_2,v_1\in\mathcal{H}_1,v_2\in\mathcal{H}_2\}, \tag{2.6}$$

并有

$$\dim(\mathcal{H}_1\oplus\mathcal{H}_2)=\dim\mathcal{H}_1+\dim\mathcal{H}_2, \tag{2.7}$$

$$\dim(\mathcal{H}_1\otimes\mathcal{H}_2)=\dim\mathcal{H}_1\dim\mathcal{H}_2. \tag{2.8}$$

前面提到,矩阵集合$\mathbb{C}^{n\times m}$是一个 nm 维的线性空间。因此对两个不同的集合$\mathbb{C}^{n_1\times m_1}$,$\mathbb{C}^{n_2\times m_2}$同样可以进行以上操作,并且可知直和$\mathbb{C}^{n_1\times m_1}\oplus\mathbb{C}^{n_2\times m_2}$的维数是 $n_1m_1+n_2m_2$,而非$(n_1+n_2)(m_1+m_2)$。

2.1.4 特殊矩阵

向量$(a_1,a_2,\cdots,a_n)$称为随机向量,若其满足 $\sum\limits_{i=1}^{n}a_i=1$ 且对 $i=1,2,\cdots,n$ 有 $a_i\geqslant 0$。如果方阵 $\boldsymbol{A}$ 的每一列都是随机向量,则方阵 $\boldsymbol{A}$ 称为随机矩阵[①]。

通常用 $\boldsymbol{I}$ 表示单位阵,即对角线元素为 1、其他元素为 0 的方阵。对于矩阵 $\boldsymbol{A}\in\mathbb{C}^{n\times n}$,若满足 $\boldsymbol{A}^{\dagger}\boldsymbol{A}=\boldsymbol{A}\boldsymbol{A}^{\dagger}=\boldsymbol{I}$,则称 $\boldsymbol{A}$ 为酉的(unitary);若满足 $\boldsymbol{A}=\boldsymbol{A}^{\dagger}$,则称 $\boldsymbol{A}$ 为埃尔米特的(Hermitian);若对任意的列向量 $\boldsymbol{x}\in\mathbb{C}^n$,总有 $\boldsymbol{x}^{\dagger}\boldsymbol{A}\boldsymbol{x}$

① 一般来说,把一个方阵 $\boldsymbol{A}$ 称为随机矩阵,是指它的每一行是一个随机向量。但是此处与通常的规定不同,在本书中提到的随机矩阵都是按此处定义的。

$\geqslant 0$，则称 $\boldsymbol{A}$ 为半正定的，记为 $\boldsymbol{A} \geqslant 0$。

2.1.5 矩阵的分解与范数

对于向量 $\boldsymbol{x} \in \mathbb{C}^n$，$\|\boldsymbol{x}\|$ 表示 $\boldsymbol{x}$ 的欧几里得范数，定义为 $\|\boldsymbol{x}\| = \left(\sum_{i=1}^{n} x_i x_i^*\right)^{\frac{1}{2}}$。如果 $\|\boldsymbol{x}\|=1$，则称 $\boldsymbol{x}$ 为单位向量。

埃尔米特矩阵 $\boldsymbol{A}$ 具有下面的分解形式

$$\boldsymbol{A} = \sum_{i=1}^{m} \lambda_i \mid x_i \rangle\langle x_i \mid, \tag{2.9}$$

其中，λ_i 为实数，称为 $\boldsymbol{A}$ 的特征值，$\{|x_i\rangle\}$ 是一组单位正交向量，$|x_i\rangle$ 为 λ_i 对应的特征向量。以上形式称为 $\boldsymbol{A}$ 的谱分解。在以上分解中，可能出现多个特征值相同的情况。换句话说，同一个特征值可能对应多个特征向量。此时，称同一个特征值 λ_i 所对应特征向量生成的线性空间为 λ_i 的本征空间。记 P_i 为到 λ_i 的本征空间的投影算子，则 $\boldsymbol{A}$ 的谱分解也可以表示如下：

$$\boldsymbol{A} = \sum_{i} \lambda_i P_i . \tag{2.10}$$

矩阵 $\boldsymbol{A}$ 的迹范数记为 $\|\boldsymbol{A}\|_{\mathrm{tr}}$，定义为

$$\|\boldsymbol{A}\|_{\mathrm{tr}} = \mathrm{tr}\ \sqrt{\boldsymbol{A}^{\dagger}\boldsymbol{A}}. \tag{2.11}$$

矩阵 $\boldsymbol{A}$ 的 Frobenius 范数记为 $\|\boldsymbol{A}\|_{\mathrm{F}}$，定义为

$$\|\boldsymbol{A}\|_{\mathrm{F}} = \sqrt{\langle \boldsymbol{A},\boldsymbol{A} \rangle}, \tag{2.12}$$

其中，$\langle \boldsymbol{A},\boldsymbol{B} \rangle = \mathrm{tr}(\boldsymbol{A}^{\dagger}\boldsymbol{B})$ 是 $\boldsymbol{A}$ 和 $\boldsymbol{B}$ 之间的 Hilbert-Schmidt 内积。那么根据 Cauchy-Schwarz 不等式，有

$$|\langle \boldsymbol{A},\boldsymbol{B} \rangle| \leqslant \|\boldsymbol{A}\|_{\mathrm{F}} \|\boldsymbol{B}\|_{\mathrm{F}}. \tag{2.13}$$

一个一般的矩阵 $\boldsymbol{A} \in \mathbb{C}^{n\times m}$ 具有奇异值分解

$$\boldsymbol{A} = \sum_{i=1}^{r} s_i \mid u_i \rangle\langle v_i \mid, \tag{2.14}$$

其中，$\{|v_1\rangle, |v_2\rangle, \cdots, |v_r\rangle\} \subset \mathbb{C}^m$ 和 $\{|u_1\rangle, |u_2\rangle, \cdots, |u_r\rangle\} \subset \mathbb{C}^n$ 是两组单位正交向量，$r=\mathrm{rank}(\boldsymbol{A})$，$s_1, s_2, \cdots, s_r$ 为正的实数，称为 $\boldsymbol{A}$ 的奇异值。

有了上面的奇异值分解，前面定义的矩阵的范数也可以用奇异值来表示。$\boldsymbol{A}$ 的 Frobenius 范数可表示为 $\|\boldsymbol{A}\|_{\mathrm{F}} = \left(\sum_{i=1}^{r} s_i^2\right)^{\frac{1}{2}}$。$\boldsymbol{A}$ 的迹范数可表示为

$\|\boldsymbol{A}\|_{\text{tr}}=\sum_{i=1}^{r}s_i$。根据 $\boldsymbol{A}$ 的奇异值，容易得出

$$\|\boldsymbol{A}\|_{\text{F}}\leqslant\|\boldsymbol{A}\|_{\text{tr}}. \tag{2.15}$$

有时也称范数为模。

2.2 量子力学基础

量子计算与量子信息是以量子力学为基础的。换句话说，量子计算与量子信息中的所有信息处理过程都应遵循量子力学规律，这可由量子力学的四个基本假设刻画。因此，本节对量子力学的相关基础知识做简要介绍，其中包括量子比特，量子状态的表示、演化，量子测量，以及量子运算等重要概念。有关这方面的详细介绍可参考 Nielsen 和 Chuang 的 *Quantum Computation and Quantum Information*[122]。

2.2.1 量子比特

我们知道“比特”是经典信息中的基本概念，是信息的最小基本单位。类似地，在量子信息论中，最基本的信息系统称为量子比特(qubit)。一个量子比特具有两个基本的状态值 $|0\rangle$ 和 $|1\rangle$，它们分别对应于经典比特位 0 和 1。但不同的是，一个量子比特除了可以处于状态 $|0\rangle$ 和 $|1\rangle$ 之外，还可以处于 $|0\rangle$ 和 $|1\rangle$ 的叠加态

$$|\psi\rangle=\alpha|0\rangle+\beta|1\rangle, \tag{2.16}$$

其中，α 和 β 是两个复数，称为振幅(amplitude)，满足归一化条件 $|\alpha|^2+|\beta|^2=1$。要获得量子比特所包含的信息，必须对其进行测量(后面的量子力学基本假设中会详细介绍测量的数学过程)。当测量上述量子比特状态 $|\psi\rangle$ 时，将以 $|\alpha|^2$ 的概率测得结果 0，以 $|\beta|^2$ 的概率测得结果 1。简言之，一个量子比特具有一个二维的状态空间，$\{|0\rangle,|1\rangle\}$ 形成状态空间的一组标准正交基，量子比特的状态就是该空间中的一个单位向量。

当两个量子比特组成联合系统时，不妨将两个量子比特设为 A 和 B，联合系统记为 AB，则联合系统 AB 具有四个可能的基本状态 $|00\rangle$，$|01\rangle$，

$|10\rangle$,$|11\rangle$。一般地,AB 可以处于以下叠加态:

$$|\psi\rangle=\alpha_{00}|00\rangle+\alpha_{01}|01\rangle+\alpha_{10}|10\rangle+\alpha_{11}|11\rangle, \tag{2.17}$$

其中,系数满足条件 $\sum_{x\in\{0,1\}^2}|a_x|^2=1$。与单比特时类似,对 AB 系统进行测量,将以概率 $|a_x|^2$ 得到测量结果 $x(=00,01,10,11)$。

当联合系统 AB 的状态 $|\psi\rangle_{AB}$ 不能被表示为子系统状态的张量积时,$|\psi\rangle_{AB}$ 称为纠缠态;反之,称为非纠缠态。纠缠态是量子信息中的一种宝贵的物理资源,它给量子信息处理带来了很多新奇特性。纠缠是量子信息论中的一个重要研究方向,有很多关于它的研究工作,这里不做更详细的介绍。

2.2.2 量子力学基本假设

假设 1(状态空间) 任意一个孤立的物理系统都有一个被称作状态空间的 Hilbert 空间与之对应,系统的状态由状态空间中的一个单位向量来描述。

假设 2(状态演化) 一个封闭量子系统的演化可由一个酉变换来刻画。设系统在时刻 t_1 的状态为 $|\psi\rangle$,在时刻 t_2 的状态为 $|\psi'\rangle$,那么这两个时刻的状态通过一个酉变换 $\boldsymbol{U}$ 相联系:

$$|\psi'\rangle=\boldsymbol{U}|\psi\rangle. \tag{2.18}$$

假设 3(量子测量) 量子测量由一组测量算子 $\{\boldsymbol{M}_m\}$ 所描述,这些算子作用在被测量系统的状态空间上,指标 m 表示可能的测量结果。假设量子系统在测量前的状态为 $|\psi\rangle$,则结果 m 以概率

$$p(m)=\langle\psi|\boldsymbol{M}_m^{\dagger}\boldsymbol{M}_m|\psi\rangle \tag{2.19}$$

发生,且测量后系统的状态为

$$\frac{\boldsymbol{M}_m|\psi\rangle}{\sqrt{\langle\psi|\boldsymbol{M}_m^{\dagger}\boldsymbol{M}_m|\psi\rangle}}. \tag{2.20}$$

测量算子 $\{\boldsymbol{M}_m\}$ 必须满足完备性方程

$$\sum_m\boldsymbol{M}_m^{\dagger}\boldsymbol{M}_m=\boldsymbol{I}. \tag{2.21}$$

事实上,完备性方程表明了测量结果发生概率之和为 1 的事实,即

$$1=\sum_m p(m)=\sum_m\langle\psi|\boldsymbol{M}_m^{\dagger}\boldsymbol{M}_m|\psi\rangle \tag{2.22}$$

对所有 $|\psi\rangle$ 成立。

在上面假设中所说的测量$\{\boldsymbol{M}_m\}$，通常称为一般测量。另外，还有两种常用的测量：投影测量（也称为正交测量）和 POVM 测量。下面分别对它们做简要介绍。

投影测量是量子信息处理中使用比较频繁的一类测量，它可由被测量系统状态空间上的一个可观测(observable)量$\boldsymbol{M}$来描述。该可观测量是一个埃尔米特算子，具有谱分解

$$\boldsymbol{M} = \sum_m m\boldsymbol{P}_m, \tag{2.23}$$

其中，$\boldsymbol{P}_m$是特征值m所对应本征空间的投影算子。因此投影算子集合$\{\boldsymbol{P}_m\}$构成一个投影测量，特征值m为可能的测量结果。对状态$|\psi\rangle$进行测量时，得到结果m的概率为

$$p(m)=\langle\psi|\boldsymbol{P}_m|\psi\rangle, \tag{2.24}$$

同时，测量后系统的状态变为

$$\frac{\boldsymbol{P}_m|\psi\rangle}{\sqrt{p(m)}}. \tag{2.25}$$

另外，经常会用另外一种简单方式来描述投影测量，它由一组投影算子$\{\boldsymbol{P}_1,\boldsymbol{P}_2,\cdots,\boldsymbol{P}_n\}$给出，满足以下条件：

(1)正交性：$\boldsymbol{P}_i\boldsymbol{P}_j=\delta_{ij}\boldsymbol{P}_i$；

(2)完备性：$\sum_i \boldsymbol{P}_i = \boldsymbol{I}$.

注意任意投影算子$\boldsymbol{P}$具有性质：$\boldsymbol{P}^2=\boldsymbol{P}$和$\boldsymbol{P}=\boldsymbol{P}^\dagger$。

另一个广泛使用的术语“在基$\{|m\rangle\}$下测量”（其中$\{|m\rangle\}$构成标准正交基），就是指使用投影算子$\{\boldsymbol{P}_m=|m\rangle\langle m|\}$进行投影测量。

备注 2.1 可看到，投影测量其实是假设 3 中一般测量的特殊情况，因为只要一般测量中的$\boldsymbol{M}_m$是正算子且满足正交条件，则其退化为投影测量。

在假设 3 中提到的一般测量不仅给出了系统测量后可能结果的概率值，还给出了系统测量后可能处于的状态。但是在实际的信息处理中，许多情况下往往只对测量可能结果的概率感兴趣，而对测量后系统的状态并不关心。比如，在量子状态区分中，只关心测量的统计特性。鉴于此，经常使用一种称为 POVM 的测量（POVM 即 positive-operator-valued measure）。POVM 测量实际上只是一般测量的简化形式，但是在很多情况下使用起来比较方便，因此下面对其做简要介绍。

一个 POVM 测量可由一组算子$\{\boldsymbol{E}_m\}$表示，满足：

(1)每个算子 $\boldsymbol{E}_m$ 是半正定的；

(2)测量结果概率和为1，即满足完备性 $\sum_m \boldsymbol{E}_m = \boldsymbol{I}$。

因此，给定上面的POVM测量$\{\boldsymbol{E}_m\}$，对状态$|\psi\rangle$进行测量，得到结果 m 的概率由$p(m)=\langle\psi|\boldsymbol{E}_m|\psi\rangle$给出。

备注 2.2 一个一般测量$\{\boldsymbol{M}_m\}$可以导出一个POVM测量$\{\boldsymbol{E}_m\}$，只要取$\boldsymbol{E}_m=\boldsymbol{M}_m^\dagger\boldsymbol{M}_m$即可。

假设 4(复合系统) 假设系统 A 的状态空间为$\mathcal{H}_A$，系统 B 的状态空间为$\mathcal{H}_B$，则 A 和 B 组成的复合系统 AB 的状态空间为$\mathcal{H}_A\otimes\mathcal{H}_B$。进一步，如果系统 A 的状态为$|\psi\rangle_A$，而系统 B 的状态为$|\varphi\rangle_B$，则复合系统 AB 的状态为$|\psi\rangle_A\otimes|\varphi\rangle_B$。

以上介绍的就是量子力学的四个基本假设，后面讨论的内容都要遵循这四个基本假设。

2.2.3 密度算子

前面已经介绍量子系统某个时刻的状态可以用其状态空间中的一个单位向量$|\psi\rangle$来表示，通常称这样的形式为纯态(pure state)，这意味着我们知道系统所处的确切状态。但是，很多时候我们并不知道系统所处的确切状态，而只知道它可能以一定的概率 p_i 处于某一个状态$|\psi_i\rangle$，这时系统的状态可用纯态系综(ensemble of pure states)$\{p_i,|\psi_i\rangle\}$来表示。此时，系统的状态称为混态(mixed state)，可由下面的密度算子(density operator)来描述：

$$\rho = \sum_i p_i |\psi_i\rangle\langle\psi_i|. \tag{2.26}$$

密度算子也称密度矩阵，这两种叫法经常会被交替使用。注意当系统状态为纯态$|\psi\rangle$时，其对应的密度算子为$\rho=|\psi\rangle\langle\psi|$。

密度算子是描述量子系统状态的一个很方便的工具。下面给出密度算子的特征刻画。

密度算子的特征 一个算子 ρ 是关于某个纯态系综$\{p_i,|\psi_i\rangle\}$的密度算子，当且仅当它满足如下条件：

(1)$\mathrm{tr}(\rho)=1$，其中 $\mathrm{tr}(\rho)$表示 ρ 的迹；

(2)ρ 是一个半正定算子。

简单来说，称 ρ 是空间$\mathcal{H}$上的一个密度算子，指 ρ 是作用在空间$\mathcal{H}$的一个迹为 1 的半正定算子。$D(\mathcal{H})$表示空间$\mathcal{H}$上的所有密度算子组成的集合。

利用密度算子的语言，量子力学的基本假设可以重新描述如下：

假设 1′（状态空间） 任意孤立物理系统都与一个称作状态空间的 Hilbert 空间相关联。系统在任何时刻的状态完全由作用在状态空间上的一个迹为 1 的半正定算子 ρ 所描述。若系统以概率 p_i 处于状 ρ_i，则系统的密度算子为 $\sum_i p_i \rho_i$ 。

假设 2′（状态演化） 封闭量子系统的状态演化由一个酉变换所描述。假设系统在时刻 t_1 和 t_2 的状态分别为 ρ 和 ρ'，则它们之间通过一个仅依赖于时刻 t_1 和 t_2 的酉算子 $\boldsymbol{U}$ 相联系，即

$$\rho' = \boldsymbol{U}\rho\boldsymbol{U}^{\dagger} \tag{2.27}$$

假设 3′（量子测量） 量子测量由一组测量算子$\{\boldsymbol{M}_m\}$来描述，这些算子作用在被测量系统的状态空间上，指标 m 表示可能的测量结果。假设量子系统在测量前的状态为 ρ，则结果 m 以概率

$$p(m) = \mathrm{tr}(\boldsymbol{M}_m^{\dagger}\boldsymbol{M}_m\rho) \tag{2.28}$$

发生，且测量后系统的状态为

$$\frac{\boldsymbol{M}_m\rho\boldsymbol{M}_m^{\dagger}}{\mathrm{tr}(\boldsymbol{M}_m^{\dagger}\boldsymbol{M}_m\rho)}. \tag{2.29}$$

测量算子$\{\boldsymbol{M}_m\}$必须满足完备性方程

$$\sum_m \boldsymbol{M}_m^{\dagger}\boldsymbol{M}_m = \boldsymbol{I}. \tag{2.30}$$

假设 4′（复合系统） 复合量子系统的状态空间是各个子系统的状态空间的张量积。如果有 n 个子系统，其中子系统 i 处于状态 ρ_i，则复合系统的状态为$\rho_1 \otimes \rho_2 \cdots \otimes \rho_n$。

备注 2.3 在数学上，用密度算子所描述的量子力学基本假设与用状态向量所描述的是等价的。但是密度算子的方法在很多时候更方便，尤其是在量子系统的状态不完全确定，以及描述复合系统的子系统时。

2.2.4 量子运算的算子和表示

从前面介绍的量子力学基本假设知，封闭量子系统的状态演化由酉变换来描述。而现实世界中几乎没有完全封闭的系统，它们或多或少地受到外界的干扰，由此，系统处于开放状态。那么开放系统的状态演化过程由什

么来描述呢？那就是量子运算(quantum operation)。量子运算有多种不同的表示形式，其中有一种最常用的形式，称作算子和表示(operator-sum representation)。下面对其进行简要介绍。

一个量子运算$\mathcal{E}$把空间$\mathcal{H}_{in}$上的密度算子ρ映射为空间$\mathcal{H}_{out}$上的密度算子$\mathcal{E}(\rho)$，它可表示为如下形式：

$$\mathcal{E}(\rho) = \sum_k \boldsymbol{E}_k \rho \boldsymbol{E}_k^\dagger, \tag{2.31}$$

其中，$\{\boldsymbol{E}_k\}$称为量子运算$\mathcal{E}$的算子元素，它们是从$\mathcal{H}_{in}$到$\mathcal{H}_{out}$的线性算子。上面的式就称为量子运算$\mathcal{E}$的算子和表示。当式(2.31)满足

$$\sum_k \boldsymbol{E}_k^\dagger \boldsymbol{E}_k = \boldsymbol{I} \tag{2.32}$$

时，称量子运算$\mathcal{E}$为保迹的(trace-preserving)，在本书中只考虑保迹量子运算。另外，本书所考虑的量子运算，输入空间$\mathcal{H}_{in}$和输出空间$\mathcal{H}_{out}$相同，记为$\mathcal{H}$，此时称$\mathcal{E}$为空间$\mathcal{H}$上的量子运算。

2.3 经典自动机理论的相关概念与符号

本书主要讨论量子自动机的等价性与最小化问题，量子自动机是经典自动机的量子化形式，因此很多概念和符号都与经典自动机理论中的类似。下面对本书后面要用到的一些关于自动机理论方面的概念和符号做简要介绍。

设S为一集合，则$|S|$表示它的势；若S为有限集合，则$|S|$就是指S中元素的个数。通常用Σ表示字母表，它是一个非空有限集合，例如$\Sigma=\{0,1\}$表示二元字母表。Σ中的字符所形成的序列称为串，有时也称为字，例如001就是取自二元字母表的一个串。对于串w，记$|w|$为w的长度，即其中字符的个数，例如$|001|=3$。通常记空串为ϵ，其长度$|\epsilon|=0$。给定字母表Σ，用Σ^k表示Σ上所有长度等于k的串的集合。例如，对二元字母表$\Sigma=\{0,1\}$，有$\Sigma^0=\{\epsilon\}$，$\Sigma^1=\{0,1\}$，以及$\Sigma^2=\{00,01,10,11\}$。Σ上所有有限长度的串的集合记为Σ^*，则有

$$\Sigma^* = \Sigma^0 \cup \Sigma^1 \cup \Sigma^2 \cup \cdots \tag{2.33}$$

有时需要排除空串ϵ，因此记$\Sigma^+ = \Sigma^* \setminus \{\epsilon\}$。

给定字母表Σ，Σ^* 中一些串的集合记为 L，即 $L \subseteq \Sigma^*$，则 L 称为Σ 上的语言。一个语言称为正则语言是指其可以被一个确定有限自动机（deterministic finite automata，DFA）接受。下面给出 DFA 的详细定义。

定义 2.1 一个 DFA 可表示为一个五元组$\mathcal{A} = (Q, \Sigma, \delta, q_0, F)$，其中：

- Q 表示有限状态集；
- Σ 表示有限输入字母表；
- $\delta: Q \times \Sigma \rightarrow Q$ 是状态转移函数，它对任意$(q, a) \in Q \times \Sigma$，都唯一地确定一个元素 $p \in Q$。具体地，$\delta(q, a) = p$ 表示在当前状态为q，输入为 a 的条件下，机器的状态转移到 p；
- $q_0 \in Q$ 表示初始态；
- $F \subseteq Q$ 表示接受状态集；

在上述定义中，如果转移函数δ定义为$\delta: Q \times \Sigma \rightarrow 2^Q$，则$\mathcal{A}$称为非确定有限自动机（nondeterministic finite automata, NFA）。换句话说，NFA 的状态转移函数 δ 可能把$(q, a) \in Q \times \Sigma$ 映射为 Q 中的多个状态，也可能映射为空（此时表示没有定义）。

对于上述定义中的 DFA $\mathcal{A}$，给定输入串 $\sigma_1\sigma_2\cdots\sigma_n$，则其运行如下：首先从状态 q_0 开始，读入第一个字符 σ_1，根据转移函数 δ，机器状态变化为 $\delta(q_0, \sigma_1) = q_1$；然后读入第二个字符 σ_2，状态变化为 $\delta(q_1, \sigma_2) = q_2$；按照上述过程读完输入串中的所有字符，最后机器状态变为 q_n。如果 $q_n \in F$，则称$\mathcal{A}$接受输入 $\sigma_1\sigma_2\cdots\sigma_n$；否则，输入被拒绝。$\mathcal{A}$所接受的语言记为 $L(\mathcal{A})$，它表示Σ^* 中所有可以使$\mathcal{A}$由初始态 q_0 变化到 F 中的状态的字符串。按照刚才的过程也可以将其表示如下：

$$L(\mathcal{A}) = \{\sigma_1\sigma_2\cdots\sigma_n \in \Sigma^* : q_n \in F\}, \tag{2.34}$$

其中，$q_i = \delta(q_{i-1}, \sigma_i)(i = 1, 2, \cdots, n)$，且规定 $\delta(q_0, \epsilon) = q_0$。

前面已经提到，正则语言是指可被 DFA 接受的语言，事实上它也指可被 NFA 接受的语言，因为 DFA 和 NFA 是等价的。正则语言还有另一种常用的表示方式，称为正则表达式，这里不对其进行详细介绍。简言之，DFA、NFA 和正则表达式是正则语言的三种不同表示形式。

在定义 2.1 中，Q 中元素的个数称为 DFA 的状态数。给定一个正则语言 L，存在一个状态数最小的 DFA 接受它。事实上存在一个算法过程，对任意给定的 DFA，都可在有效时间内找到一个状态数最小的 DFA 与之等价，该过程被称作 DFA 的最小化。DFA 的最小化是经典自动机理论中的一个重要问题。另一个与其紧密相关的问题是 DFA 的等价性问题,即判定两个给定的 DFA 是否接受相同的语言。一般来说,等价性判定是最小化的基础,它们在经典自动机理论中已经得到了充分的研究,存在有效的算法。关于 DFA 更详细的介绍可参考 Hopcroft 和 Ullman 的自动机理论方面的专著 *Introduction to Automata Theory, Languages and Computation* [11],也可以参考 2001 年更新的版本[123]。

上面介绍的 DFA 是一种具有确定行为的计算模型,然而现实中很多信息系统的行为都具有随机性,由此人们提出了概率计算模型。概率有限自动机[111,124](probabilistic finite automata, PFA)就是 DFA 的概率推广。简单来说,如果 DFA 的状态转移不是确定的,而是以一定的概率转移到另一个状态,那么它就是概率有限自动机。具体定义如下:

定义 2.2 一个 PFA 可表示为一个五元组$\mathcal{A}=(Q,\Sigma,\delta,q_0,F)$,其中:

- Q,Σ,q_0,F 与 DFA 定义中类似;
- 状态转移函数 $\delta: Q\times\Sigma\times Q\rightarrow[0,1]$ 满足

$$\sum_{p\in Q}\delta(q,\sigma,p)=1 \tag{2.35}$$

对任意的 $q\in Q,\sigma\in\Sigma$ 成立,且 $\delta(q,\sigma,p)\geqslant 0$ 对任意 $p,q\in Q$ 和 $\sigma\in\Sigma$ 成立。

在定义 2.2 中,$\delta(q,\sigma,p)$表示当前状态为 q,输入为 σ 时,机器状态转移到 p 的概率。PFA 的运行过程与 DFA 类似,只是状态转移具有随机性;每取一个输入字符,PFA 从当前状态以一定概率转移到另一个状态。因此,给定一个输入串,PFA 的初始态 q_0 会以一定的概率转移到接受态。所以,上述 PFA $\mathcal{A}$定义一个函数 $P_{\mathcal{A}}:\Sigma^*\rightarrow[0,1]$。对于 $x\in\Sigma^*$,$P_{\mathcal{A}}(x)$ 就表示$\mathcal{A}$接受输入 x 的概率。

由于 PFA 对每一个输入串都有一定的接受概率,所以它接受语言的定义与 DFA 有所不同。下面介绍两种常用的语言接受方式。

一个语言 $L\subseteq\Sigma^*$ 被概率有限自动机$\mathcal{A}$以截点(cut-point)$\lambda\in[0,1)$ 接受(或识别),是指以下条件成立:

- 若 $x\in L$,则有 $P_{\mathcal{A}}(x)>\lambda$;
- 若 $x\notin L$,则有 $P_{\mathcal{A}}(x)\leqslant\lambda$。

这种情况下,也称$\mathcal{A}$以无界误差方式识别 L。被概率有限自动机以截点方式

识别的语言组成的集合称为随机语言(stochastic languages)。

一个语言 $L\subseteq\Sigma^*$ 被概率有限自动机$\mathcal{A}$以孤立截点(isolated cut-point)$\lambda\in[0,1)$ 接受(或识别),是指存在 $\varepsilon>0$ 使得下面条件成立:

- 若 $x\in L$,则有 $P_{\mathcal{A}}(x)\geqslant\lambda+\varepsilon$;
- 若 $x\notin L$,则有 $P_{\mathcal{A}}(x)\leqslant\lambda-\varepsilon$。

这种情况下,也称$\mathcal{A}$以有界误差方式识别 L。

在后续章节中会介绍各种不同形式的量子有限自动机(QFA)。QFA 也具有随机性,即对每一个输入串都是以一定概率接受的。因此,QFA 识别语言的方式与概率有限自动机的一样,会有以上两种不同的方式。在本书中,提到一个 PFA 或 QFA 识别某个语言时,如果没有特别指出,在默认情况下都是指以有界误差方式识别。

称两个概率有限自动机等价,是指它们对任意的输入串,接受概率相等。概率有限自动机的等价性问题同样是经典自动机理论中的一个重要问题。这个问题已经得到了有效解决,后面在讨论量子计算模型的等价性问题时会对此做简单介绍。关于概率有限自动机更详细的介绍,可参考 Paz 的专著 *Introduction to Probabilistic Automata*[111]。

备注 2.4 值得指出的是,也可以用矩阵的形式给出 DFA 和 PFA 的定义,这在第 3 章中会详细讨论,并且在后续内容中都会采用矩阵形式的定义。

3 量子自动机模型

在前一章提到过两个重要的经典计算模型——确定有限自动机和概率有限自动机,它们分别是确定性算法和概率算法的基本模型。近三十多年来,人们把量子力学的特性引入计算领域,形成了量子计算这一新兴交叉研究领域。量子计算展现了一些与经典计算完全不同的特点,同时也带来了很多新的问题。因此,为了探索量子计算到底有哪些优势和新的特点,人们在已有的经典计算模型的基础之上提出了许多不同类型的量子计算模型。到目前为止,已经有多种不同的量子计算模型被提出来,总体上来说,它们都是已有经典计算模型的量子化形式,但是其研究方法需要新的技巧。主要的量子计算模型有量子有限自动机、量子时序机、量子下推机、量子图灵机等。本章主要介绍量子有限自动机和量子时序机,因为它们是后面章节中的讨论对象。

量子有限自动机(QFA)是本书要重点讨论的计算模型。到目前为止,已经有多种不同形式的 QFA 被提出来,它们的差别主要表现在以下三个方面:①带头的移动方向;②运行中测量的次数;③状态转移函数所满足的要求。根据带头移动方向的差异,QFA 主要可分为单向量子有限自动机(1QFA)和双向量子有限自动机(2QFA)。1QFA 的一个最大特点是:机器每读入一个字符,带头必须往右移动一格。而在 2QFA 中,机器每读入一个字符,带头可左移、右移,或者不动。根据测量次数的差异又有测量一次的和测量多次的量子有限自动机。QFA 的状态转移函数可以是酉算子、测量,以及测量与酉算子组成的有限序列,还有一般的保迹量子运算,由此 QFA 又可分为一些不同的子类。

接下来各节将逐一介绍几类主要的量子有限自动机模型和量子时序机。

3.1 测量一次的单向量子有限自动机

测量一次的单向量子有限自动机(measure-once 1-way quantum finite automata, MO-1QFA)是一种最简单的 QFA 模型。称其为单向的,是指该模型的带头每次在读入字符时必须向右移动一格;称其为测量一次的,是因为在运行的过程中其只允许在所有输入字符读完之后才做一次测量操作,用以判断机器是否进入接受状态。该模型首先由 Moore 和 Crutchfield 在文献[12]中提出来,然后 Brodsky 和 Pippenger[14] 以及其他学者对其进行了进一步的研究。从语言识别能力的角度来看,MO-1QFA 无法超越对应的经典模型——DFA 和 PFA,因为它以有界误差方式识别的语言类属于正则语言的真子集。但是,在其他一些方面,比如状态复杂性,MO-1QFA 有时可以表现出一些优势。

下面给出 MO-1QFA 的定义。

定义 3.1 一个 MO-1QFA 可表示为一个五元组

$$\mathcal{M} = (Q, \Sigma, \delta, q_0, Q_{acc}),$$

式中:

- Q 是有限状态集;
- Σ 是有限输入字母表;
- $\delta: Q \times \Sigma \times Q \to \mathbb{C}$ 是状态转移函数,满足酉性:

$$\sum_{p \in Q} \overline{\delta(q_1, \sigma, p)} \delta(q_2, \sigma, p) = \begin{cases} 1, & q_1 = q_2 \\ 0, & q_1 \neq q_2 \end{cases} \tag{3.1}$$

  对任意 $q_1, q_2 \in Q$ 和任意 $\sigma \in \Sigma$ 成立,其中 $\delta(p, \sigma, q)$ ($|\delta(p, \sigma, q)|^2$) 表示机器 $\mathcal{M}$ 读入字符 σ 时状态由 p 变为 q 的振幅(概率),$\overline{\delta(q_1, \sigma, p)}$ 表示 $\delta(q_1, \sigma, p)$ 的共轭;
- $q_0 \in Q$ 表示初始态;
- $Q_{acc} \subseteq Q$ 表示接受状态集。

以上形式的定义便于和第 2 章中的 PFA 的定义进行比较。通过比较可知,它们最大的区别在于状态转移函数 δ。PFA 要求 δ 满足概率分布的特性,即每输入一个字符,它的后续状态是 Q 上的一个概率分布,而 MO-1QFA 要求 δ 满足酉性。

备注 3.1 根据量子力学假设,上述机器$\mathcal{M}$在任意时刻的状态均是 Q 中基本态的叠加形式。假设 $Q=\{q_0,q_1,\cdots,q_{n-1}\}$。令$\mathcal{H}(Q)=\mathrm{span}\{|q_i\rangle:q_i\in Q\}$,其中对于 $i=0,1,\cdots,n-1$,$|q_i\rangle$表示一个 n 维的列向量,它只在第$i+1$个位置取值为 1,其他位置取值为 0。$\mathcal{H}(Q)$称为由 Q 生成的线性空间,显然它的维数与 Q 中元素个数相同,该符号在后文中会多次用到。根据量子力学假设,机器$\mathcal{M}$的状态是空间$\mathcal{H}(Q)$中的一个单位向量。

利用以上符号,机器$\mathcal{M}$也可用向量和矩阵的语言描述如下:

(1)初始态 q_0 可用列向量$|q_0\rangle=(1,0,\cdots,0)^{\mathrm{T}}$表示;

(2)对任意的 $\sigma\in\Sigma$,转移函数 δ 可表示为一个酉矩阵 $\boldsymbol{U}(\sigma)$,满足 $\boldsymbol{U}(\sigma)(i,j)=\delta(q_j,\sigma,q_i)$;

(3)接受状态集 Q_{acc}对应于投影算子 $\boldsymbol{P}_{\mathrm{acc}}=\sum_{q_i\in Q_{\mathrm{acc}}}|q_i\rangle\langle q_i|$。

事实上,机器$\mathcal{M}$的初始态不仅可以是 Q 中的基态,还可以是 Q 中基态的任意叠加形式$|\psi_0\rangle=\sum_{i=0}^{n-1}a_i|q_i\rangle$,满足$\sum_{i=0}^{n-1}|a_i|^2=1$。根据以上过程,我们通常采用以下形式给出 MO-1QFA 的定义。

定义 3.2 一个 MO-1QFA 可表示为一个五元组

$$\mathcal{M}=(Q,\Sigma,\{\boldsymbol{U}(\sigma)\}_{\sigma\in\Sigma},|\psi_0\rangle,Q_{\mathrm{acc}}),$$

式中:

- Q 为有限状态集;
- Σ 为有限输入字母表;
- 对任意 $\sigma\in\Sigma$,$\boldsymbol{U}(\sigma)$ 是一个$|Q|\times|Q|$酉矩阵;
- $|\psi_0\rangle\in\mathcal{H}(Q)$是机器的初始状态,满足$\||\psi_0\rangle\|=1$;
- $Q_{\mathrm{acc}}\subseteq Q$ 为接受状态集。

对上述定义中的 MO-1QFA $\mathcal{M}$,给定输入串 $x=x_1x_2\cdots x_n\in\Sigma^*$,机器从初始态$|\varphi_0\rangle$开始,从左到右依次读入输入字符;每读入一个字符 x_i,矩阵 $\boldsymbol{U}(x_i)$ 就作用在前一步所得的状态向量上,然后带头右移一格;最后当 x 中所有字符读完之后,做一测量判断机器状态是否属于 Q_{acc},从而以一定的概率得到“接受”或“拒绝”的结果。因此,根据$\mathcal{M}$的运行过程可得函数 $P_{\mathcal{M}}:\Sigma\to[0,1]$,定义如下:

$$P_{\mathcal{M}}(x_1x_2\cdots x_n)=\left\|\boldsymbol{P}_{\mathrm{acc}}\prod_{i=1}^{n}\boldsymbol{U}(x_i)|\psi_0\rangle\right\|^2, \tag{3.2}$$

其中，$\boldsymbol{P}_{\mathrm{acc}}=\sum_{q_i\in Q_{\mathrm{acc}}}|q_i\rangle\langle q_i|$ 表示到子空间 $\mathrm{span}\{|q_i\rangle : q_i\in Q_{\mathrm{acc}}\}$ 的投影算子。另外，在此处及后文中，$\prod_{i=1}^{n}\boldsymbol{A}_i$ 表示的是 $\boldsymbol{A}_n\cdots\boldsymbol{A}_2\boldsymbol{A}_1$，而非 $\boldsymbol{A}_1\boldsymbol{A}_2\cdots\boldsymbol{A}_n$。显然，$P_{\mathcal{M}}(x)$ 即表示 $\mathcal{M}$ 接受输入 x 的概率。

备注 3.2 前面给出了 MO-1QFA 的两种形式的定义，定义 3.1 的形式是为了便于从概率有限自动机过渡到量子有限自动机，而定义 3.2 给出的矩阵的形式便于相关问题的表示和求解。因此，在后面的内容中，我们通常都采用矩阵的形式来表示 MO-1QFA 以及其他的 QFA。

下面给出一个 MO-1QFA 的例子，以加深对上述两种定义形式的理解。

例 3.1 令 MO-1QFA $\mathcal{M}=(Q,\Sigma,\delta,q_0,Q_{\mathrm{acc}})$，其中 $Q=\{q_0,q_1\}$，$Q_{\mathrm{acc}}=\{q_1\}$，$\Sigma=\{a\}$，q_0 是初始态，状态转移函数 δ 如下：

$$\delta(q_0,a,q_0)=\frac{1}{\sqrt{2}},\delta(q_0,a,q_1)=\frac{1}{\sqrt{2}},$$

$$\delta(q_1,a,q_0)=\frac{1}{\sqrt{2}},\delta(q_1,a,q_1)=-\frac{1}{\sqrt{2}}.$$

那么，状态转移函数可用矩阵形式表示如下：

$$\boldsymbol{U}(a)=\begin{pmatrix}\frac{1}{\sqrt{2}} & \frac{1}{\sqrt{2}}\\ \frac{1}{\sqrt{2}} & -\frac{1}{\sqrt{2}}\end{pmatrix},$$

状态 q_0 和 q_1 可用向量表示如下：

$$|q_0\rangle=\begin{pmatrix}1\\0\end{pmatrix},\quad |q_1\rangle=\begin{pmatrix}0\\1\end{pmatrix},$$

接受状态集 Q_{acc} 可由以下投影矩阵刻画：

$$\boldsymbol{P}_{\mathrm{acc}}=|q_1\rangle\langle q_1|=\begin{pmatrix}0&0\\0&1\end{pmatrix}.$$

对于输入串 aa，机器运行如下：

1. 机器初始态为 $|q_0\rangle$，在读入第一个字符 a 之后，机器状态变为 $|\psi\rangle=\frac{1}{\sqrt{2}}|q_0\rangle+\frac{1}{\sqrt{2}}|q_1\rangle$ 这是把 $\boldsymbol{U}(a)$ 作用在 $|q_0\rangle$ 上得到的。

2. 在读入第二个字符 a 后，$\boldsymbol{U}(a)$ 作用在 $|\psi\rangle$ 上，机器状态变为 $|q_0\rangle$。

3. 所有字符读完之后,投影矩阵 $\boldsymbol{P}_{acc}$ 作用在最后的状态 $|q_0\rangle$ 上,得到 $\mathcal{M}$ 接受 aa 的概率为 0。 □

关于 MO-1QFA 的主要文献有[12,14-15,78-84,115-116,125-131]。在文献[12]中,Moore 和 Crutchfield 首次提出 MO-1QFA 模型。在文献[14]和[126]中,Brodsky 等分别用不同的方法证明了 MO-1QFA 接受的语言为群自动机所接受的语言,从而为正则语言的真子集。MO-1QFA 的泵引理在文献[12]中给出了。在文献[14]中,Brodsky 和 Pippenger 也对 MO-1QFA 所识别语言类的闭包属性进行了讨论。

Blondel 等[127] 讨论了关于 MO-1QFA 所识别语言的空性判定问题。具体地,给定输入字母表 Σ 上的 MO-1QFA $\mathcal{M}$ 和实数 λ,记 $L_{>}=\{x\in\Sigma^*:P_{\mathcal{M}}(x)>\lambda\}$ 和 $L_{\geqslant}=\{x\in\Sigma^*:P_{\mathcal{M}}(x)\geqslant\lambda\}$。关于它们的空性判定问题是:$L_{>}$ 是否为空?$L_{\geqslant}$ 是否为空?类似地,对于 PFA,同样也可以讨论上述问题。Blondel 等[127] 的研究表明,这两个问题的答案对于 MO-1QFA 和 PFA 是不同的,例如 $L_{>}$ 是否为空这个问题对于 MO-1QFA 是可判的,而对 PFA 却是不可判的。因此,Blondel 等[127] 从一个侧面揭示了概率有限自动机与量子有限自动机的不同之处。Hirvensalo[128] 也考虑过上述问题,得到了一些改进的结果。

另一个重要问题是状态复杂性。Ambainis 和 Freivalds[15] 证明了一个有趣的结论:语言 $L_p=\{a^i:i$ 可被素数 p 整除$\}$ 可被 MO-1QFA 以接近 1 的概率接受,其状态数比识别该语言的 PFA 指数性减少①。后来,Ambainis 和 Nahimovs[129] 对这个结果在细节上做了一些改进。Ablayev 等在文献[78-84]中也对 MO-1QFA 的状态复杂性进行了讨论。

需要注意的是,量子自动机并不是总是比经典自动机节省状态,例如文献[51,76]给出了一个正则语言 $L_m=\{x0\mid x\in\{0,1\}^*,|x|\leqslant m\}$,证明识别该语言的 GQFA(具体定义在后面 3.8 节会介绍,MO-1QFA 和 MM-1QFA 都是该模型的特殊情况)的状态数是识别该语言的 DFA 的状态数的指数规模。

Mateus 等在文献[115-116]中讨论了 MO-1QFA 的等价性问题和最小化问题,这在后面章节中会予以详细介绍。

① 虽然 Ambainis 和 Freivalds[15] 是在讨论后面要介绍的 MM-1QFA 时叙述该结论的,但是这个结果本质上是对 MO-1QFA 成立的,因为在文献[15]中构造的 QFA 就是一个 MO-1QFA。

3.2 测量多次的单向量子有限自动机

测量多次的单向量子有限自动机(measure-many 1-way quantum finite-automata,MM-1QFA)与 MO-1QFA 的不同之处在于:MO-1QFA 只允许在输入结束时做测量,而 MM-1QFA 在机器运行过程中每读入一个字符时均可做测量,进而决定机器是停止(接受或拒绝)还是继续运行。MM-1QFA 首先由 Kondacs 和 Watrous 在文献[13]中提出,下面给出其详细定义。

定义 3.3 一个 MM-1QFA 可表示为一个六元组

$$\mathcal{M}=(Q,\Sigma,\delta,q_0,Q_{acc},Q_{rej}),$$

式中:

- 与 MO-1QFA 的定义类似,Q,Σ,q_0 分别是有限状态集、有限输入字母表和初始状态;
- 另外有一个结束标记符 $\$\notin\Sigma$,并记 $\Gamma=\Sigma\cup\{\$\}$;
- 状态转移函数 $\delta:Q\times\Gamma\times Q\rightarrow\mathbb{C}$ 满足式(3.1)给出的酉性条件;
- $Q_{acc}\subseteq Q$ 是接受状态集,$Q_{rej}\subseteq Q$ 是拒绝状态集,它们互不相交;记 $Q_{non}=Q\backslash(Q_{acc}\cup Q_{rej})$,称之为非停止状态集。

备注 3.3 注意在 Kondacs 和 Watrous[13] 给出的 MM-1QFA 的定义中,有两个特殊的标识符号:一个开始符 # 和一个结束符 \$。但是 Brodsky 和 Pippenger[14] 证明只需一个结束符 \$ 就够了,这不会影响 MM-1QFA 的语言识别能力。

类似于 MO-1QFA 的定义,也可以用向量和矩阵的语言来描述 MM-1QFA。首先,初始态 q_0 可以表示为一个单位向量 $|q_0\rangle\in\mathcal{H}(Q)$。对任意的 $\sigma\in\Gamma$,转移函数 δ 可以用 $|Q|\times|Q|$ 的酉矩阵 $\boldsymbol{U}(\sigma)$ 表示,其中 $\boldsymbol{U}(\sigma)(i,j)=\delta(q_j,\sigma,q_i)$。整个状态空间 $\mathcal{H}(Q)$ 被划分为三个子空间:$E_{non}=\mathrm{span}\{|q\rangle:q\in Q_{non}\}$,$E_{acc}=\mathrm{span}\{|q\rangle:q\in Q_{acc}\}$,$E_{rej}=\mathrm{span}\{|q\rangle:q\in Q_{rej}\}$。相应地存在三个算子 $\boldsymbol{P}_{non}$,$\boldsymbol{P}_{acc}$ 和 $\boldsymbol{P}_{rej}$,分别是到上述三个子空间的投影算子。因此,$\{\boldsymbol{P}_{non},\boldsymbol{P}_{acc},\boldsymbol{P}_{rej}\}$ 构成 $\mathcal{H}(Q)$ 上的一个投影测量。另外,初始态 $|q_0\rangle$ 也经常取 $\mathcal{H}(Q)$ 中一个一般的单位向量 $|\psi_0\rangle$。因此,MM-1QFA 通常被表示这样一个六

元组

$$\mathcal{M}=(Q,\Sigma,\{\boldsymbol{U}(\sigma)\}_{\sigma\in\sum\cup\{\$\}},|\psi_0\rangle,Q_{acc},Q_{rej}).$$

在后续内容中,经常采用这种形式来给出 MM-1QFA。

MM-1QFA 的输入串 x 具有这样的形式:$x\in\Sigma^*\$$,其中 \$ 为输入结束标记。给定输入字符串 $x_1,x_2\cdots x_n\$$,MM-1QFA $\mathcal{M}$运行如下:

(1)机器从初始态$|\psi_0\rangle$开始,读入字符 x_1,$\boldsymbol{U}(x_1)$作用在初始态$|\psi_0\rangle$上,从而机器状态演化为$|\psi_1\rangle=\boldsymbol{U}(x_1)|\psi_0\rangle$。接着测量$\{\boldsymbol{P}_{non},\boldsymbol{P}_{acc},\boldsymbol{P}_{rej}\}$作用在$|\psi_1\rangle$上,以概率 $p_1^{\omega}=\|\boldsymbol{P}_{\omega}|\psi_1\rangle\|^2$ 得到测量结果 $\omega\in\{acc,non,rej\}$,并且机器状态演化为$|\psi_1^{\omega}\rangle=\dfrac{\boldsymbol{P}_{\omega}|\psi_1\rangle}{\sqrt{p_1^i}}$。

(2)在以上步骤中,如果测量结果为“non”,则继续读入下一字符 x_2,同时$\boldsymbol{U}(x_2)$作用在$|\psi_1^{non}\rangle$上,然后做测量操作,状态的演化规则与步骤(1)一样。

(3)上述过程一直持续下去,只要测量结果为“non”;当测量结果为“acc”(“rej”)时,计算停止且输入串被接受(拒绝)。

从上述过程可以发现,机器$\mathcal{M}$每读取一个输入字符都有可能进入接受态或拒绝态而停止运行。因此,保存运行过程中累积的接受概率和拒绝概率是有用的。这样的话,我们可以把$\mathcal{M}$的当前状态表示为一个三元组($|\psi\rangle$,p_{acc},p_{rej})。其中,p_{acc}和 p_{rej}分别表示当前累积的接受概率和拒绝概率;$|\psi\rangle$表示当前状态的非停止部分(没有单位化)。$\mathcal{M}$的初始状态可以表示为($|\psi_0\rangle$,0,0),而在读入字符 σ 时的演化过程可表示为

$$(|\psi\rangle,p_{acc},p_{rej})\mapsto(\boldsymbol{P}_{non}|\psi'\rangle,p_{acc}+\|\boldsymbol{P}_{acc}|\psi'\rangle\|^2,p_{rej}+\|\boldsymbol{P}_{rej}|\psi'\rangle\|^2).\tag{3.3}$$

其中,$|\psi'\rangle=\boldsymbol{U}(\sigma)|\psi\rangle$。

根据以上过程,MM-1QFA $\mathcal{M}$ 定义一个函数 $f_{\mathcal{M}}:\sum^*\$\rightarrow[0,1]$ 如下:

$$f_{\mathcal{M}}(x_1\cdots x_n\$)=\sum_{k=1}^{n+1}\left\|\boldsymbol{P}_{acc}\boldsymbol{U}(x_k)\prod_{i=1}^{k-1}(\boldsymbol{P}_{non}\boldsymbol{U}(x_i))|\psi_0\rangle\right\|^2,\tag{3.4}$$

或者等价地表示为

$$f_{\mathcal{M}}(x_1\cdots x_n\$)=\sum_{k=0}^{n}\left\|\boldsymbol{P}_{acc}\boldsymbol{U}(x_{k+1})\prod_{i=1}^{k}(\boldsymbol{P}_{non}\boldsymbol{U}(x_i))|\psi_0\rangle\right\|^2,\tag{3.5}$$

其中,为了简便性记 $x_{n+1}=\$$。根据机器的运行过程,容易看到

$f_{\mathcal{M}}(x_1 x_2 \cdots x_n \$)$ 即表示$\mathcal{M}$接受输入字符串 $x_1 \cdots x_n$ 的概率。通常，我们用另一个函数 $P_{\mathcal{M}}: \Sigma^* \to [0,1]$ 来表示该接受概率，定义如下：

$$P_{\mathcal{M}}(x_1 x_2 \cdots x_n) = f_{\mathcal{M}}(x_1 x_2 \cdots x_n \$). \tag{3.6}$$

下面给出一个 MM-1QFA 的例子，该例子来源于文献[15]。

例 3.2 令 MM-1QFA $\mathcal{M} = (Q, \Sigma, \{\boldsymbol{U}(\sigma)\}_{\sigma \in \sum \cup \{\$\}}, |\psi_0\rangle, Q_{acc}, Q_{rej})$，其中：

- 机器共有四个基本状态：$Q = \{q_0, q_1, q_{acc}, q_{rej}\}$，$Q_{acc} = \{q_{acc}\}$，$Q_{rej} = \{q_{rej}\}$；
- 输入字母表 $\Sigma = \{a, b\}$；
- 初始状态为 $|\psi_0\rangle = \sqrt{1-p}\,|q_0\rangle + \sqrt{p}\,|q_1\rangle$；
- 状态转移函数为：

$$\boldsymbol{U}_a(|q_0\rangle) = (1-p)|q_0\rangle + \sqrt{p(1-p)}\,|q_1\rangle + \sqrt{p}\,|q_{rej}\rangle,$$

$$\boldsymbol{U}_a(|q_1\rangle) = \sqrt{p(1-p)}\,|q_0\rangle + p|q_1\rangle - \sqrt{1-p}\,|q_{rej}\rangle,$$

$$\boldsymbol{U}_b(|q_0\rangle) = |q_{rej}\rangle, \boldsymbol{V}_b(|q_1\rangle) = |q_1\rangle,$$

$$\boldsymbol{U}_\$(|q_0\rangle) = |q_{rej}\rangle, \boldsymbol{V}_\$(|q_1\rangle) = |q_{acc}\rangle.$$

其中，p 是 $p^3 + p = 1$ 的根，即 $p = 0.68\cdots$。状态转移函数也可以通过映射 δ 来定义。比如，$\boldsymbol{U}_a(|q_0\rangle) = (1-p)|q_0\rangle + \sqrt{p(1-p)}\,|q_1\rangle + \sqrt{p}\,|q_{rej}\rangle$ 可以描述为：

$$\delta(q_0, a, q_0) = 1-p, \qquad \delta(q_0, a, q_1) = \sqrt{p(1-p)},$$

$$\delta(q_0, a, q_{acc}) = 0, \qquad \delta(q_0, a, q_{rej}) = \sqrt{p}.$$

上述过程中有些转移没有定义，比如 $\boldsymbol{U}_a(|q_{acc}\rangle)$。这些值并不重要，因为它们基本上可以任意取值，只要保证 $\boldsymbol{U}_a$ 是酉矩阵即可。事实上只要保证上面给出的 $\boldsymbol{U}_a(|q_i\rangle)$ 对不同的 q_i 是相互正交的，其他未定义的项可以通过适当取值使得 $\boldsymbol{U}_a$ 是酉的。

Ambainis 和 Freivalds 在文献[15]中已经证明 MM-1QFA $\mathcal{M}$以概率 $p = 0.68\cdots$ 接受语言 $a^* b^*$①。这里回顾一下证明过程，通过该过程可以加深对 MM-1QFA 的理解。

情况 1： 输入串为 $x = a^*$。首先容易看到，在读入字符 a 时转移函数把 $\sqrt{1-p}\,|q_0\rangle + \sqrt{p}\,|q_1\rangle$ 映射到它本身。因此，在读入 a^* 之后，机器状态一直

① 一个语言 L 被 QFA 以概率 $p > \frac{1}{2}$ 接受，如果对任意的 $x \in L (x \notin L)$，A 的接受概率(拒绝概率)至少是 p。

保持 $\sqrt{1-p}\,|q_0\rangle+\sqrt{p}\,|q_1\rangle$。最后读入结束符，状态变为 $\sqrt{1-p}\,|q_{rej}\rangle+\sqrt{p}\,|q_{acc}\rangle$。此时，机器的接受概率为 p。

情况 2：输入串为 $x=a^*b^+$。与前面一样，在读入字符 a 时机器状态始终保持为 $\sqrt{1-p}\,|q_0\rangle+\sqrt{p}\,|q_1\rangle$。接下来读入第一个 b，状态变为 $\sqrt{1-p}\,|q_{rej}\rangle+\sqrt{p}\,|q_1\rangle$。该状态的非停止部分为 $\sqrt{p}\,|q_1\rangle$，它在读入接下来的字符 b 时保持不变，直到读入结束符后状态变为 $\sqrt{p}\,|q_{acc}\rangle$。因此，这种情况下接受概率还是 p。

情况 3：输入串为 $x\notin a^*b^*$。此时，x 前面的部分一定形如 $a^*b^+a^+$。在读入第一个 b 之后，状态变为 $\sqrt{1-p}\,|q_{rej}\rangle+\sqrt{p}\,|q_1\rangle$。此时，机器以概率 $(1-p)$ 进入拒绝状态而停止。剩下的非停止部分 $\sqrt{p}\,|q_1\rangle$ 在读入下一个 a 之后，变为 $p\sqrt{1-p}\,|q_0\rangle+p\sqrt{p}\,|q_1\rangle-\sqrt{p(1-p)}\,|q_{rej}\rangle$。因而，此时又会以概率 $p(1-p)$ 进入拒绝状态。剩下的非停止部分 $p\sqrt{1-p}\,|q_0\rangle+p\sqrt{p}\,|q_1\rangle$ 在读入剩下的 a 时始终保持不变。接下来要读入的字符要么为 b，要么是结束符。不管怎样，q_0 都会被映射为 $|q_{rej}\rangle$，从而机器以概率 $p^2(1-p)$ 进入拒绝状态。把以上所有的拒绝概率加起来，则 M 拒绝 $x\notin a^*b^*$ 的概率至少是

$$
\begin{aligned}
&(1-p)+p(1-p)+p^2(1-p)\\
&=(1+p+p^2)(1-p)\\
&=\frac{1-p^3}{1-p}(1-p)\\
&=1-p^3=p.
\end{aligned}
$$

关于 MM-1QFA 的几篇重要参考文献是文献[13-15]，另外还有部分参考文献[115，118-119，130，132-139]。Kondacs 和 Watrous[13] 首次提出 MM-1QFA 模型，证明 MM-1QFA 识别的语言类属于正则语言的真子集，比如不能识别正则语言 $\{a,b\}^*a$。但是，MM-1QFA 的语言识别能力要严格强于 MO-1QFA，原因在于：一方面，MO-1QFA 是 MM-1QFA 的特殊情形，因为对每个 MO-1QFA 都可构造一个 MM-1QFA 来模拟它；另一方面，MM-1QFA 能识别 MO-1QFA 不能识别的语言，例如语言 a^*b^* 可被 MM-1QFA 识别[15]，但不能被 MO-1QFA 识别。文献[14]对 MM-1QFA 所识别的语言类的闭包属性进行了讨论。文献[133-134]讨论了 MM-1QFA 以无界误差方式所识别的语言类。文献[138-139]讨论了可逆概率有限自动机与 MM-

1QFA 的关系。文献[130]从数理逻辑的角度考察了 MM-1QFA 以及 MO-1QFA。文献[115,119,132]讨论了 MM-1QFA 的等价性问题和最小化问题，这在后续章节中会做详细介绍。

3.3　带控制语言的单向量子有限自动机

Bertoni 等在文献[64]中介绍了一个新的量子计算模型，称之为带控制语言的单向量子有限自动机(1-way quantum automata with control language,CL-1QFA)。该模型也属于单向量子有限自动机，但是其运行方式与前面介绍的两个自动机模型有较大的不同，主要是其接受方式比较特别。下面给出 CL-1QFA 的定义。

定义 3.4　一个 CL-1QFA 可被表示为一个六元组

$$\mathcal{M} = (Q, \Sigma, \{\boldsymbol{U}(\sigma)\}_{\sigma \in \Sigma \cup \{\$\}}, |\psi_0\rangle, \mathcal{O}, \mathcal{L}),$$

式中：

• $Q, \Sigma, |\psi_0\rangle$ 和 $\boldsymbol{U}(\sigma)$ 与 MO-1QFA 和 MM-1QFA 的定义中类似，$\$ \notin \Sigma$ 表示结束标记符；

• $\mathcal{O}$ 为可观测量，具有特征值集 $\mathcal{C} = \{c_1, c_2, \cdots, c_s\}$ 和投影算子集 $\{\boldsymbol{P}(c_i): i = 1,2,\cdots,s\}$，其中 $\boldsymbol{P}(c_i)$ 表示到特征值 c_i 的本征空间的投影算子；

• $\mathcal{L} \subseteq \mathcal{C}^*$ 是一个正则语言，称为控制语言，用来控制机器的接受行为。

CL-1QFA 的输入字符串 w 具有这样的形式：$w \in \Sigma^* \$$，其中 \$ 为输入结束标记。下面给出 CL-1QFA $\mathcal{M}$对输入串 $x_1 x_2 \cdots x_n \$$ 的运行过程。首先，机器从初始状态 $|\psi_0\rangle$ 开始，然后对应于 $x_1 x_2 \cdots x_n \$$ 中每个字符的操作依次作用在机器的当前状态上。在这里对应于字符 $\sigma \in \Sigma \cup \{\$\}$ 的操作可详细描述为以下两步：

(1)$\boldsymbol{U}(\sigma)$作用在$\mathcal{M}$的当前状态$|\psi\rangle$上，生成新的状态$|\psi'\rangle = \boldsymbol{U}(\sigma)|\psi\rangle$。

(2)关于可观测量$\mathcal{O}$的测量作用在$|\psi'\rangle$上，从而以概率 $p_k = \|\boldsymbol{P}(c_k)|\psi'\rangle\|^2$ 测得结果 c_k，并且$\mathcal{M}$的状态塌缩为 $\boldsymbol{P}(c_k)|\psi'\rangle / \sqrt{p_k}$。

因此，机器 $\mathcal{M}$ 对输入串 $x_1 x_2 \cdots x_n \$$ 的一次计算将以一定的概率

$p(y_1 y_2 \cdots y_{n+1} | x_1 x_2 \cdots x_n \$)$产生字符序列 $y_1, y_2 \cdots y_{n+1} \in \mathcal{C}^*$,具体的概率由以下式给出:

$$p(y_1, y_2, \cdots, y_{n+1} \mid x_1, x_2, \cdots, x_n \$) = \left\| \prod_{i=1}^{n+1} \boldsymbol{P}(y_i)\boldsymbol{U}(x_i) \mid \psi_0\rangle \right\|^2, \tag{3.7}$$

其中,记 $x_{n+1} = \$$。如果计算过程中所产生的串 $y \in \mathcal{C}^*$ 满足 $y \in \mathcal{L}$,则该次计算被接受;否则,被拒绝。从而,CL-1QFA $\mathcal{M}$定义一个函数 $f_{\mathcal{M}}: \Sigma^* \$ \rightarrow [0, 1]$ 如下:

$$f_{\mathcal{M}}(x_1, x_2, \cdots, x_n \$) = \sum_{y_1, y_2 \cdots y_{n+1} \in \mathcal{L}} p(y_1 y_2 \cdots y_{n+1} \mid x_1 x_2 \cdots x_n \$). \tag{3.8}$$

式(3.8)即为机器$\mathcal{M}$接受输入串 $x_1, x_2, \cdots, x_n$ 的概率。通常,我们用另一函数 $P_{\mathcal{M}}: \Sigma^* \rightarrow [0,1]$ 来表示该接受概率,定义如下:

$$P_{\mathcal{M}}(x_1 x_2 \cdots x_n) = f_{\mathcal{M}}(x_1 x_2 \cdots x_n \$). \tag{3.9}$$

备注 3.4 从上述过程可以看到,输入串的接受与否取决于测量结果序列是否属于正则语言$\mathcal{L}$。$\mathcal{L}$就像机器$\mathcal{M}$接受行为的控制者一样,因此形象地被称为控制语言。

文献[64]证明 CL-1QFA 所识别的语言类严格大于 MM-1QFA 所识别的语言类,但仍属于正则语言。进一步,文献[70]证明 CL-1QFA 所识别的语言类正好等于正则语言。有趣的是,文献[63]把 CL-1QFA 归为混合 QFA 模型,并以一种更直观的方式描述了 CL-1QFA。一个混合 QFA 模型由两部分组成:一个经典部件和一个量子部件,并且两者之间可以相互通信①。如第 1 章中所述,混合 QFA 模型的有趣之处至少可以反映在以下两点:

(1)混合模型比纯量子模型更具可实现性。就目前的技术来说,制造大规模的量子处理器仍然是一个长期目标,而建立一个由经典系统加上少量的量子比特组成的混合系统则相对要容易得多。另外,在混合模型中,自动机的带头可由经典部分来控制,这也使得它更容易实现。

(2)由于混合模型具有经典和量子两部分资源,因此给定一个问题,可

① 具体到某个特定的模型,可能只有量子部件到经典部件的单向通信(比如 CL-1QFA),或者经典部件到量子部件的单向通信(比如后面要介绍的 1QFAC)。

以通过适当设计，在经典资源和量子资源之间找到一种平衡。已有一些研究成果表明，在一个经典有限自动机上辅助少量量子比特，会使得自动机的计算能力快速提升或者所用资源(比如状态数)大大减少[65-70]。

下面用图 3.1 说明 CL-1QFA 作为一个混合 QFA 模型的运行过程，它能更直观地反映出 CL-1QFA 的结构。

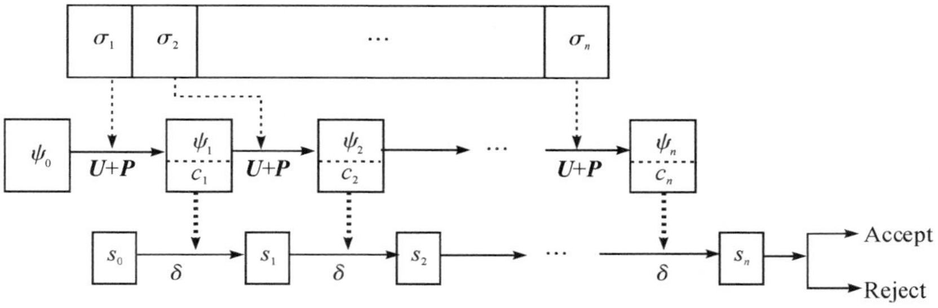

图 3.1 CL-1QFA 的运行过程

如图 3.1 所示，一个 CL-1QFA 是一个混合模型，它由 Q 所代表的量子部件以及识别控制语言$\mathcal{L}$的 DFA 所代表的经典部件组成，其中有从量子部件到经典部件的单向通信。在读取输入字符 σ_i 时，机器运行如下：①在量子部件中酉算子 $\boldsymbol{U}_{\sigma_i}$ 作用在当前量子状态上，紧接着作用一个投影测量 $\{\boldsymbol{P}_c : c \in C\}$，从而以一定的概率得到测量结果 c_i，并且量子状态塌缩为 ψ_i。②在经典部件中，一旦量子部件中测得结果 c_i，经典部件就读取 c_i，使得当前经典状态由 s_{i-1}变为 $s_i = \delta(s_{i-1}, c_i)$。③经典状态 s_n 属于接受状态集当且仅当测量结果序列满足 $c_1c_2\cdots c_n \in \mathcal{L}$。注意：在上面过程中有从量子部件到经典部件的通信，如粗虚线所示；但是没有相反方向的通信。

3.4 带经典态的单向量子有限自动机

本书作者在文献[66]中介绍了另一种有趣的混合 QFA 模型，称为带经典态的单向量子有限自动机(1-way quantum finite automata together with classical states，1QFAC)。下面给出其具体定义。

定义 3.5 一个 1QFAC 是一个九元组

$$\mathcal{A}=(S,Q,\Sigma,\Gamma,s_0,|\psi_0\rangle,\delta,\mathbb{U},\mathcal{M}),$$

式中:

- Σ 和 Γ 分别是有限的输入字母表和输出字母表;
- S 和 Q 分别是有限的经典状态集合和量子状态集合;
- $s_0\in S$ 是初始经典态,$|\psi_0\rangle\in\mathcal{H}(Q)$ 是一个单位向量,表示初始量子态;
- $\delta:S\times\Sigma\rightarrow S$ 是经典状态转移函数;
- $\mathbb{U}=\{\boldsymbol{U}_{s,\sigma}\}_{s\in S,\sigma\in\sum}$,其中,$\boldsymbol{U}_{s,\sigma}:\mathcal{H}(Q)\rightarrow\mathcal{H}(Q)$ 是一个酉算子;
- $\mathcal{M}=\{\mathcal{M}_s\}_{s\in S}$,其中 $\mathcal{M}_s$ 是空间 $\mathcal{H}(Q)$ 上的一个投影测量,具有测量结果集 Γ。

给定输入 $\sigma_1\sigma_2\cdots\sigma_n\in\Sigma^*$,1QFAC 运行如下:

(1) 机器的初始经典态和量子态分别为 s_0 和 $|\psi_0\rangle$,首先读取字符 σ_1,则经典态变为 $s_1=\delta(s_0,\sigma_1)$,量子态变为 $|\psi_1\rangle=\boldsymbol{U}_{s_0,\sigma_1}|\psi_0\rangle$。

(2) 带头右移一格读取字符 σ_2,从而机器的经典态变为 $s_2=\delta(s_1,\sigma_2)$,量子态变为 $|\psi_2\rangle=\boldsymbol{U}_{s_1,\sigma_2}|\psi_1\rangle$。

(3) 以上过程一直持续下去,直到把所有输入字符读取完毕。假设在读取最后字符 σ_n 之后,机器的经典态为 s_n,量子态为 $|\psi_n\rangle$。此时,对应于 s_n 的投影测量 $\mathcal{M}_{s_n}$ 作用在最终的量子态 $|\psi_n\rangle$ 上,以一定的概率产生输出结果 $\gamma\in\Gamma$。

在以上过程中,假设 $\mathcal{M}_{s_n}=\{\boldsymbol{P}_{s_n,\gamma}\}_{\gamma\in\Gamma}$,其中 $\boldsymbol{P}_{s_n,\gamma}$ 是相互正交的投影算子,且满足 $\sum\limits_{\gamma\in\Gamma}\boldsymbol{P}_{s_n,\gamma}=\boldsymbol{I}$。则机器 $\mathcal{A}$ 对输入串 $\sigma_1\sigma_2\cdots\sigma_n\in\Sigma^*$ 产生输出 $\gamma\in\Gamma$ 的概率是

$$\mathrm{Prob}_{\mathcal{A},\gamma}(x)=\|\boldsymbol{P}_{s_n,\gamma}\boldsymbol{U}_{s_{n-1},\sigma_n}\cdots\boldsymbol{U}_{s_1,\sigma_2}\boldsymbol{U}_{s_0,\sigma_1}|\psi_0\rangle\|^2 \tag{3.10}$$

其中,$s_i=\delta(s_{i-1},\sigma_i)(i=1,2,\cdots,n)$。

在上述定义中,若取输出字母表(即测量结果集合)Γ 为 $\Gamma=\{a,r\}$(其中,a 表示 accepting,即接受;r 表示 rejecting,即拒绝),则机器 $\mathcal{A}$ 就成为 $\sum$ 上的语言识别器,如同前面介绍的 QFA 模型一样。下面用图 3.2 给出一个 1QFAC 作为语言识别器的运行过程。

如图 3.2 所示,一个 1QFAC 是一个混合 QFA 模型,它由 Q 所代表的量子部件和 S 所代表的经典部件组成,其中有从经典部件到量子部件的单向

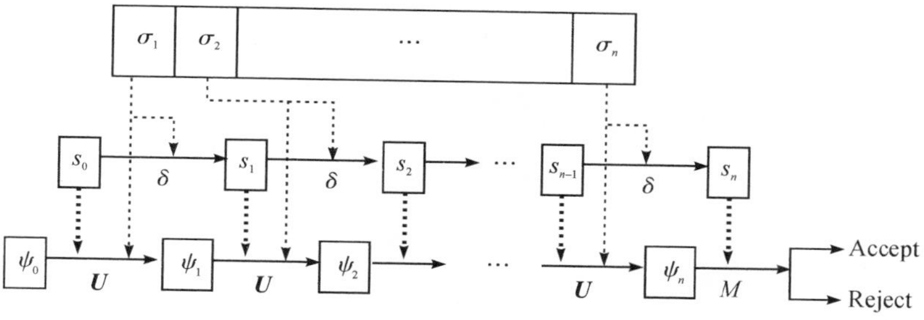

图 3.2　1QFAC 的运行过程

通信。在读取输入字符 σ_i 时，机器运行如下：①在量子部件中，由当前经典态 s_{i-1} 和当前输入字符 σ_i 所确定的酉算子 $\boldsymbol{U}_{s_{i-1},\sigma_i}$ 作用在当前量子态上，从而产生一个新的量子态。②在经典部件中，经典状态由 s_{i-1} 变为 $s_i=\delta(s_{i-1},\sigma_i)$。③最后得到的经典态 s_n 确定一个投影测量 $\mathcal{M}_{s_n}$，它作用在最后的量子态上，从而以一定概率得到接受或者拒绝的结果。注意，在上面过程中存在由经典部件到量子部件的通信，如粗虚线所示；但是相反的方向没有通信。

上述 1QFAC 和前面介绍的 CL-1QFA 具有如下一些共同之处：

首先，它们作为混合 QFA 模型，都有一个量子部件和一个经典部件，主要不同之处在于部件之间通信的方向性。

其次，在量子部件和经典部件取某些特殊情形的条件下，它们都可以退化为 DFA，因此它们都能确定性地识别正则语言[66,70]。

最后，在某些时候，通过适当设计量子部件和经典部件的通信合作可以使得系统的规模大大降低。例如，文献[66]证明对语言 $L^0(m)=\{w0: w\in\{0,1\}^*, |w0|=km, k=1,2,3,\cdots\}$（$m$ 是一个素数），存在一个 1QFAC 识别它，只需要两个经典态和 $O(\log m)$ 个量子态，而识别它的最小 DFA 需要 $m+1$ 个状态。另外，MO-1QFA 和 MM-1QFA 都无法识别该语言。再比如，文献[70]构造了一个语言 $L_{m,h}$，识别它的最小 DFA 需要 $m(h+1)+1$ 个状态，而识别它的 CL-1QFA 只需常数个量子态和 $O(h)$ 个经典态。

由此可见，包括 1QCFA 和 CL-1QFA 在内的混合 QFA 模型具有一些有趣的特点，值得进一步探讨。

3.5 双向量子有限自动机

双向量子有限自动机(2-way quantum finite automata,2QFA)是由 Kondacs 和 Watrous[13] 提出来的。该模型的特点是:机器每读入一个字符,带头可以左移或右移,也可以不动。正是这个特点使得该模型较之前介绍的模型,语言识别能力大大增强。Kondacs 和 Watrous 在文献[13]中证实 2QFA 不仅可以在线性时间内识别所有的正则语言,还可以在线性时间内识别非正则语言 $L_{eq}=\{a^nb^n \mid n\geqslant 1\}$。值得指出的是,双向概率有限自动机只能在指数时间内识别语言 L_{eq}[71]。事实上,文献[72-73]证明了双向概率有限自动机要识别非正则语言只能在指数时间内完成。下面给出 2QFA 的定义。

定义 3.6 一个 2QFA 可表示为一个六元组

$$\mathcal{M}=(Q,\Sigma,\delta,q_0,Q_{acc},Q_{rej}),$$

其中,Q 为有限状态集;Σ 为有限输入字母表;$q_0\in Q$ 为初始状态;$Q_{acc}\subseteq Q$ 和 $Q_{rej}\subseteq Q$ 分别为接受状态集和拒绝状态集,并且规定 $Q_{acc}\cap Q_{rej}=\varnothing$ 以及 $q_0\notin Q_{acc}\cup Q_{rej}$;$\delta$ 为转移函数,定义如下:

$$\delta: Q\times\Gamma\times Q\times\{-1,0,1\}\rightarrow\mathbb{C},$$

其中,$\Gamma=\Sigma\cup\{\#,\$\}$ 为带符号集;$\#$ 和 $\$$ 为不属于 Σ 的端点标记符号;$\{-1,0,1\}$ 表示带头移动方向,其元素依次表示带头左移一格,不动,右移一格。为了满足运算的酉性,转移函数 δ 对任意 $q_1,q_2\in Q,\sigma,\sigma_1,\sigma_2\in\Gamma,d\in\{-1,0,1\}$ 必须满足以下三个条件:

$$(\text{I})\ \sum_{q',d}\overline{\delta(q_1,\sigma,q',d)}\delta(q_2,\sigma,q',d)=\begin{cases}1, & q_1=q_2;\\ 0, & q_1\neq q_2.\end{cases}$$

$$(\text{II})\ \sum_{q'}\left(\overline{\delta(q_1,\sigma_1,q',1)}\delta(q_2,\sigma_2,q',0)+\overline{\delta(q_1,\sigma_1,q',0)}\delta(q_2,\sigma_2,q',1)\right)=0;$$

$$(\text{III})\ \sum_{q'}\overline{\delta(q_1,\sigma_1,q',1)}\delta(q_2,\sigma_2,q',-1)=0。$$

上述定义中的三个条件通常被称为 well-formed 条件,一个 2QFA 必须满足上述条件才符合量子力学中状态演化的酉性。然而,对上述三个条件的验

证是一件比较冗繁的事情。因此，Kondacs 和 Watrous[13]进一步给出一种结构比较简单的 2QFA 模型，本书中称之为简单 2QFA，其详细描述如下：

定义 3.7 称一个 2QFA $\mathcal{M}=(Q,\Sigma,\delta,q_0,Q_{acc},Q_{rej})$ 为简单的，是指对任意 $\sigma\in\Gamma$，存在一个线性酉算子 V_σ 作用在空间 $\mathcal{H}(Q)$ 上，且存在一个函数 $D: Q\rightarrow\{-1,0,1\}$，使得对任意 $p,q\in Q,\sigma\in\Gamma$ 和 $d\in\{-1,0,1\}$ 有

$$\delta(q,\sigma,p,d)=\begin{cases}\langle p|V_\sigma|q\rangle, & D(p)=d;\\ 0, & D(p)\neq d.\end{cases} \tag{3.11}$$

备注 3.5 简言之，简单 2QFA 的状态演化过程由读入字符所对应的酉变换来控制，而带头移动方向由演化后的状态来控制。容易验证简单 2QFA 满足定义 3.6 的三个条件。

由上述定义易知简单 2QFA 是 2QFA 的特殊情况。同时，这里也留下一个问题：是否任意一个 2QFA 都可以找到一个简单 2QFA 来模拟？据作者所知，目前这个问题的答案还不清楚。关于 2QFA 的文献不多，有两篇，即[13，140]。

Amano 和 Iwama[50]研究了一种称为 1.5 向量子有限自动机（1.5QFA）的模型。该模型是 2QFA 模型的特殊情况，即在 2QFA 的定义中，转移函数满足 $\delta(p,\sigma,q,-1)=0$ 对任意 $p,q\in Q,\sigma\in\Sigma$ 成立。换句话说，1.5QFA 的带头只能右移或不动，不能左移。文献[50]中证明空问题（即判定给定的计算模型接受的语言是否为空集）对 1.5QFA 是不可判的。

3.6 带量子和经典态的双向有限自动机

由前述的内容可看到，2QFA 的带头是量子的，即带头可同时处于多个不同的位置，由一个叠加态来描述。这样的话，用来保存带头位置的量子比特的数目会与输入串的长度有关，这与“有限”的精神是不符的。鉴于此，Ambainis 和 Watrous 在文献[65]中提出了 2QFA 的一个变异模型，称为带量子和经典态的双向有限自动机（2-way finite automata with quantum and classical states，2QCFA）。该模型具有量子和经典两部分状态，它们分别由相应的量子转移函数和经典转移函数来控制，并且带头是经典的，即带头的移动由经典转移函数来控制，只与当前输入字符及当前经典状态有关。下面给出

2QCFA 的详细定义。

定义 3.8 一个 2QCFA 是一个九元组

$$\mathcal{M}=(Q,S,\Sigma,\Theta,\delta,q_0,s_0,S_{acc},S_{rej}),$$

其中,Q 和 S 为有限集合,分别表示量子状态集和经典状态集;Σ 为有限输入字母表;Θ 和 δ 分别为量子转移函数和经典转移函数;$q_0\in Q$ 和 $s_0\in S$ 分别表示初始量子态和初始经典态;S_{acc} 和 $S_{rej}\subseteq S$ 分别表示经典的接受状态集和拒绝状态集。

记 $\Gamma=\Sigma\cup\{\#,\$\}$,其中 # 和 \$ 分别为输入带的左、右端点标记符号。$\mathcal{H}(Q)$ 表示 Q 所生成的 Hilbert 空间。令 $U(\mathcal{H}(Q))$ 和 $M(\mathcal{H}(Q))$ 分别表示作用在 $\mathcal{H}(Q)$ 上的酉算子集合和正交测量集合。Θ 为这样的映射:$S\backslash(S_{acc}\cup S_{rej})\times\Gamma\rightarrow U(\mathcal{H}(Q))\cup M(\mathcal{H}(Q))$。$\delta$ 为:$S\backslash(S_{acc}\cup S_{rej})\times\Gamma\rightarrow S\times\{-1,0,1\}$。更为详细地,对任意$(s,\sigma)\in S\backslash(S_{acc}\cup S_{rej})\times\Gamma$,有:

(Ⅰ)如果 $\Theta(s,\sigma)$是一酉操作 $\boldsymbol{U}$,则 $\boldsymbol{U}$ 作用在当前量子态上,机器的量子部分演化为新的量子态。另外,$\delta(s,\sigma)=(s',d)\in S\times\{-1,0,1\}$作用在当前经典态上,使机器的经典状态由 s 变为 s',同时带头往 d 方向移动($d=1$ 表示带头右移一格,$d=-1$ 表示左移一格,$d=0$ 表示不动)。在这过程中,如果 $s'\in S_{acc}$,则输入被接受;如果 $S'\in S_{rej}$,则输入被拒绝;否则,继续下一步。

(Ⅱ)如果 $\Theta(s,\sigma)$是一正交测量,则当前量子态按照量子测量原则以一定的概率变换到另一新的量子态。此时,$\delta(s,\sigma)$是一个由量子测量结果集到 $S\times\{-1,0,1\}$的映射。例如,对测量结果 j,$\delta(s,\sigma)(j)=(s_j,d)$,即有:

(a)若 $s_j\in S\backslash(S_{acc}\cup S_{rej})$,则当前经典态演化为 s_j,同时带头往 d 方向移动;

(b)若 $s_j\in S_{acc}$,则输入被接受;

(c)类似地,若 $s_j\in S_{rej}$,则输入被拒绝。

备注 3.6 注意上述定义中的(Ⅱ)给机器的运行过程带来了随机性。由于测量结果 j 是以一定概率 p_j 测得的,从而 $\delta(s,\sigma)(j)=(s_j,d)$是以一定概率发生的,也就是说(a)、(b)、(c)中经典态的转移是有随机性的。

从结构来看,2QCFA 比前面介绍的 2QFA 要简单一些,因为它的带头是经典的,这有利于模型的实现。尽管如此,2QCFA 的语言识别能力似乎并没有减弱。首先容易知道,2QCFA 能识别所有的正则语言,因为 2QCFA 中不要量子部分其就退化为经典有限自动机。有趣的是在文献[65]中证得:2QCFA 能在多项式时间内识别 $L_{eq}=\{a^nb^n \mid n\geqslant 1\}$,并且还能识别回文语言 $L_{pal}=\{x\in\{a,b\}^* \mid x=x^R\}$(指数时间内)。而双向概率有限自动机识别 L_{eq}需要指数时间[71-73],并且在任意时间内都无法识别回文语言 L_{pal}[74]。另外需要说明的是,2QFA 与 2QCFA 的语言识别能力的比较目前并不清楚。

文献[67-69,141]对 2QCFA 的属性及识别的语言进行了一些讨论。文献[63,142]考虑了 2QCFA 的单向带头的情形——1QCFA。如同前面介绍的 CL-1QFA 和 1QFAC,2QCFA 和 1QCFA 也可以归为混合 QFA 的类型[63]。

3.7 多字符量子有限自动机

前文介绍的模型有一个共同的特点:机器只有一个带头,对输入串进行读操作时,每次只能读入一个字符。接下来要介绍一种读入方式与前文所述模型不同的自动机模型,它有多个带头,每次可读入多个字符,且带头并行移动。下面首先回忆一下多字符确定有限自动机的定义。

定义 3.9[143] 一个 k-字符确定有限自动机(k-字符 DFA)可表示为一个五元组$(Q,\Sigma,q_0,Q_{acc},\gamma)$。其中,$Q$ 为有限状态集;Σ 为有限输入字母表;$q_0\in Q$ 为初始状态;$Q_{acc}\subseteq Q$ 为接受状态集;$\gamma: Q\times T^k\rightarrow Q$ 为状态转移函数,$T=\{\Lambda\}\cup\Sigma$,$\Lambda\notin\Sigma$ 表示空字符,$T^k\subset T^*$ 表示 T 上长度等于 k 的串。

对于输入串 $x=x_1x_2\cdots x_n\in\Sigma^*$,$k$- 字符 DFA 在其输入带最左端包含$(k-1)$个空字符 Λ,后面跟着串 x。机器从初始态 q_0 开始运行,它的 k 个带头刚开始时指向输入带最左边 k 个位置,然后根据转移函数 $\gamma(q_0,\Lambda^{k-1}x_1)$,机器状态由 q_0 变为新的状态 q',且 k 个带头并行往右移一格。现在机器的第$(k-1)$和第 k 个带头分别指向字符 x_1 和 x_2,其他带头指向字符 Λ(k 个带头编号从左到右依次为第一个到第 k 个)。接下来,机器又根据转移函数 $\gamma(q',\Lambda^{k-2}x_1x_2)$ 变化到新的状态,且所有带头并行右移。该过程一直进行下去,直到它的第 k 个带头读完输入带上最后一个字符 x_n。输入 x 被机器接受当且仅当机器在第 k 个带头读完最后一个字符 x_n 之后,进入接受态。

基于以上模型,Belovs 等[143]定义了 k-字符量子有限自动机(简称 k-字符 QFA)，如下所示：

定义 3.10 一个 k-字符 QFA 可表示为 $\mathcal{A}=(Q,\Sigma,|\varphi_0\rangle,Q_{acc},\mu)$，其中 Q 为有限状态集；Σ 为有限输入字母表；$|\varphi_0\rangle$ 为 Q 上的单位叠加态；$Q_{acc}\subseteq Q$ 为接受状态集；μ 为一函数，它给每个串 $w\in(\{\Lambda\}\cup\Sigma)^k$ 都赋值一个 $|Q|\times|Q|$ 的酉矩阵。

k-字符 QFA 的运行过程与前面介绍的 MO-1QFA 类似，只是这里的转移函数受当前 k 个带头所指向的 k 个字符的影响(如同上面说的 k-字符 DFA 一样)。事实上，当 $k=1$ 时，它就是前面说的 MO-1QFA。

下面给出 k-字符 QFA $\mathcal{A}=(Q,\Sigma,|\varphi_0\rangle,Q_{acc},\mu)$ 接受串 $x=\sigma_1\sigma_2\cdots\sigma_m$ 的概率 $P_{\mathcal{A}}(x)$ 的表达式。由上述定义，对任意 $w\in(\{\Lambda\}\cup\Sigma)^k$，$\mu(w)$ 是一个酉阵，从而可以对任意 $x=\sigma_1\sigma_2\cdots\sigma_m\in\Sigma^*$ 定义一个酉阵 $\overline{\mu}(x)$ 如下：

$$\overline{\mu}(x)=\begin{cases}\mu(\Lambda^{k-m}x_1x_2\cdots x_m)\cdots\mu(\Lambda^{k-2}x_1x_2)\mu(\Lambda^{k-1}x_1), & \text{if } m<k,\\ \mu(x_{m-k+1}x_{m-k+2}\cdots x_m)\cdots\mu(\Lambda^{k-2}x_1x_2)\mu(\Lambda^{k-1}x_1), & \text{if } m\geqslant k,\end{cases}\tag{3.12}$$

式(3.12)蕴含了 $\mathcal{A}$ 对输入串 x 的计算过程。

令 $\boldsymbol{P}_{acc}$ 为到 Q_{acc} 所生成子空间的投影算子，则

$$P_{\mathcal{A}}(x)=\|\boldsymbol{P}_{acc}\overline{\mu}(x)|\varphi_0\rangle\|^2\tag{3.13}$$

就是 k-字符 QFA $\mathcal{A}$ 接受输入 x 的概率。

值得指出的是，前面介绍的 k-字符 DFA 并不比通常的 DFA 语言识别能力强[143]。然而对量子情形而言，k-字符 QFA 所识别的语言类却严格大于 MO-1QFA 所识别的语言类。事实上，当 $k=1$ 时，k-字符 QFA 就是 MO-1QFA，同时文献[120]中证明 $(k+1)$-字符 QFA 的语言识别能力严格大于 k-字符 QFA。另外，k-字符 QFA 被证明可以识别语言 $\{a,b\}^*a$[143]，而该语言却不能被 MM-1QFA 识别[13]。

3.8 其他量子有限自动机

前面介绍的几个量子有限自动机模型是到目前为止受关注比较多的模型。此外，也有一些其他的模型被提出来，这些模型总体上是在前面介绍的

模型的基础上扩展、变形而得到的。下面就此做简单介绍。

Ambainis 等在文献[51,76]中定义了所谓的一般量子有限自动机(generalized quantum finite automata,GQFA),该模型可看作是 MM-1QFA 的更一般化的形式。GQFA 的定义与 MM-1QFA 类似,只是其中每个字符所对应的操作不是酉变换,而是酉变换和正交测量所组成的有限序列。Ambainis 等在文献[51,76]中对 GQFA 给出了一个结论:存在一个正则语言,识别它的 GQFA 的状态数要比识别它的 DFA 的状态数指数性增加。由于 MM-1QFA 是 GQFA 的特殊情况,上述结论自然也对 MM-1QFA 成立。

上面说的 GQFA 是 MM-1QFA 的一般化形式。类似地,也可以考虑 MO-1QFA 的一般化形式。例如,文献[52]中介绍的 LQFA 就可看作 MO-1QFA 的一般化形式,其中每个输入字符所对应的操作也是由酉变换和正交测量组成的。其实,我们可以考虑更一般化的量子有限自动机,其中输入字符所对应的操作由保迹量子运算描述,我们把这样的模型称作 1gQFA[57]。有关这方面的问题将在第 5 章详细讨论。

另外,还有几个量子有限自动机模型。文献[53]定义了 ancilla QFA,事实上它与 1gQFA 是等价的[57]。文献[61-62]考虑了基于测量的 QFA,其中自动机只允许执行测量操作。之所以讨论基于测量的 QFA,是因为近年来基于测量的量子计算比较受关注。由于这些模型不是本书的讨论重点,所以在此不做详细介绍。

3.9 量子时序机

量子时序机(quantum sequential machine,QSM)是一个与量子有限自动机紧密相关的模型。前文介绍的 MO-1QFA 就可以看成 QSM 的特殊情形,因为当限定量子时序机的输出字母表只有一个字符,并给其赋以一定的接受状态时,QSM 就退化为 MO-1QFA,所以本书也会讨论 QSM 的相关问题。

QSM 可看作随机时序机(stochastic sequential machine,SSM)的一种量子化形式。而随机时序机是一种重要的概率计算模型,文献[111]对其有系统的介绍。为方便读者理解 QSM 模型,下面首先介绍 SSM 的定义。

定义 3.11 一个随机时序机(SSM)可表示为一个四元组

$$\mathcal{M}=(S,\boldsymbol{I},O,\{\boldsymbol{A}(y|x):x\in I,y\in Q\}),$$

其中,S、$\boldsymbol{I}$ 和 O 分别为有限状态集、有限输入字母表和有限输出字母表;$\{\boldsymbol{A}(y|x)\}$ 为矩阵集合,其中每个元素均为 $|S|$ 阶方阵,具有形式 $\boldsymbol{A}(y|x)=[a_{ij}(y|x)]$,对任意 $x\in I,j=1,2,\cdots,|S|$,满足以下条件:

$$\sum_{y\in O}\sum_{i=1}^{|S|}a_{ij}(y\mid x)=1,\tag{3.14}$$

并且 $a_{ih}(y|x)\geqslant 0$ 对所有的 i 和 j 成立。

在上述定义中,矩阵 $\boldsymbol{A}(y|x)=[a_{ij}(y|x)]$ 描述了随机时序机的状态演化过程。$a_{ij}(y|x)$ 表示在当前状态为 s_j,输入为 x 的条件下,机器输出字母 y,且状态进入 s_i 的概率。

对上述随机时序机$\mathcal{M}$,通常要为其指明一初始分布 π,π 是一个 $|S|$ 维的随机列向量。称组合$(\mathcal{M},\pi)$为初始化了的随机时序机,简称为 ISSM。给定一个 ISSM$(\mathcal{M},\pi)$,用 $P_{\mathcal{M}}^{\pi}(v|u)$表示$\mathcal{M}$在输入为 $\boldsymbol{u}$ 的条件下输出 $\boldsymbol{v}$ 的概率,具体定义如下:

$$P_{\mathcal{M}}^{\pi}(v|u)=\eta\boldsymbol{A}(v_n|u_n)\cdots\boldsymbol{A}(v_2|u_2)\boldsymbol{A}(v_1|u_1)\pi,\tag{3.15}$$

其中,η 是一个所有元素全为 1 的 $|S|$ 维行向量,$(\boldsymbol{u},\boldsymbol{v})=(u_1u_2\cdots u_n,v_1v_2\cdots v_n)$。

备注 3.7 读者可能会发现本书中给出的 SSM 的定义与文献[111]中所给出的定义在形式上有所不同,这是因为在文献[111]中是用行向量来表示机器的状态,而本书中是用列向量来表示机器的状态的。之所以采用列向量表示法,是为了与前文内容保持一致,因为前文介绍的量子有限自动机都是用列向量来表示机器的状态的。

基于上述随机时序机模型,2000 年 Gudder 在文献[16]中定义了它的一种量子化形式,称为时序量子机,之后本书第二作者在文献[17]中进一步定义了量子时序机。本质上两者是等价的,但是从形式上来看,量子时序机作为随机时序机的量子化形式更加自然一些。下面给出量子时序机的定义。

定义 3.12 一个量子时序机(QSM)是一个五元组

$$\mathcal{M}=(S,|\varphi_0\rangle,\boldsymbol{I},O,\{\boldsymbol{A}(y|x):y\in O,x\in\boldsymbol{I}\}),$$

其中,S、$\boldsymbol{I}$ 和 O 分别为有限状态集,有限输入字母表和有限输出字母表,$|\varphi_0\rangle$ 是一个 $|S|$ 维的单位向量,$\boldsymbol{A}(y|x)$ 为 $|S|$ 阶方阵,对任意 $x\in\boldsymbol{I}$,满足

$$\sum_y \boldsymbol{A}(y \mid x)^\dagger \boldsymbol{A}(y \mid x) = \boldsymbol{I}, \tag{3.16}$$

其中，$\boldsymbol{I}$ 为单位矩阵。

与前面介绍的随机时序机类似，上述模型的状态演化过程也是由矩阵 $\boldsymbol{A}(y|x)=[a_{ij}(y|x)]$ 来控制的，但是不同之处在于：此处的 $a_{ij}(y|x)$ 表示的是机器在当前状态为 s_j、输入为 x 的条件下，输出 y，且状态进入 s_i 的振幅（振幅的模的平方表示概率）。

给定一个量子时序机$\mathcal{M}$，用 $P_{\mathcal{M}}(\boldsymbol{v}|\boldsymbol{u})$ 表示它在输入为 $\boldsymbol{u}$ 的条件下，输出 $\boldsymbol{v}$ 的概率，则有

$$P_{\mathcal{M}}(\boldsymbol{v}|\boldsymbol{u}) = \|\boldsymbol{A}(v_n|u_n)\cdots\boldsymbol{A}(v_2|u_2)\boldsymbol{A}(v_1|u_1)|\varphi_0\rangle\|^2, \tag{3.17}$$

其中，$(\boldsymbol{u},\boldsymbol{v})=(u_1\cdots u_n, v_1\cdots v_n)$。

目前对量子时序机的研究工作集中在文献[16-18,116]中，它们主要讨论了量子时序机的等价性问题，在后面第 4 章中将会详细讨论这些问题。

3.10 本章小结

本章介绍了一些主要的量子有限自动机(QFA)和量子时序机(QSM)模型。其中，QFA 包括：测量一次的单向量子有限自动机(MO-1QFA)、测量多次的单向量子有限自动机(MM-1QFA)、带控制语言的单向量子有限自动机(CL-1QFA)、带经典态的单向量子有限自动机(1QFAC)、双向量子有限自动机(2QFA)、1.5 向量子有限自动机(1.5QFA)、带量子和经典状态的双向有限自动机(2QCFA)、多字符量子有限自动机，以及其他一些量子有限自动机。

4 量子自动机的等价性判定

本章是本书的主要章节之一，将详细讨论几类量子自动机模型的等价性问题。粗略来说，两个机器等价是指它们对任意的输入计算结果一致。某个模型的等价性问题就是判定该模型中任意给定的两个机器是否等价。本章致力于解决前面介绍的一些主要量子自动机模型的等价性问题，主要有：①量子时序机(QSM)的等价性问题；②测量一次的单向量子有限自动机(MO-1QFA)的等价性问题；③带控制语言的单向量子有限自动机(CL-1QFA)的等价性问题；④测量多次的单向量子有限自动机(MM-1QFA)的等价性问题；⑤多字符量子有限自动机的等价性问题。

本章的组织结构如下：首先在4.1节介绍双线性机模型，并给出两个量子自动机等价的定义。双线性机是本章的基础，后面对量子自动机等价性的讨论要用到双线性机的相关性质。然后在4.2节至4.5节逐一讨论上述几个等价性问题。最后，4.7节对本章内容做一总结。

4.1 准备知识

4.1.1 双线性机及其等价性

下面首先定义一个抽象模型，称为双线性机(bilinear machine，BLM)，该模型在后面关于量子自动机的等价性的讨论中将起基础性作用。

定义4.1 一个双线性机可表示为一个四元组$\mathcal{M}=(\pi, \Sigma, \{\boldsymbol{M}(\sigma)\}_{\sigma\in\Sigma}, \eta)$，

其中Σ 为有限输入字母表，$\pi \in \mathbb{C}^{n\times 1}$，$\eta \in \mathbb{C}^{1\times n}$，对任意 $\sigma \in \Sigma$，有 $\boldsymbol{M}(\sigma) \in \mathbb{C}^{n\times n}$。

上面定义中的 n 称为机器的维数，对于双线性机的特殊情形 —— 概率有限自动机（PFA）和确定有限自动机（DFA），n 通常称为机器的状态数。

一个双线性机$\mathcal{M}$可定义一个函数 $f_{\mathcal{M}}: \Sigma^* \to \mathbb{C}$ 如下：

$$f_{\mathcal{M}}(w) = \eta \boldsymbol{M}(w_n)\cdots\boldsymbol{M}(w_1)\pi, \tag{4.1}$$

其中，$w = w_1 w_2 \cdots w_n \in \Sigma^*$。若对每个 $w \in \Sigma^*$ 都有 $f_{\mathcal{M}}(w) \in \mathbb{R}$，则称$\mathcal{M}$为实值双线性机（RBLM）。

Turakainen 在文献[144] 中定义了一般自动机（generalized automata，GA）。事实上，一个一般自动机是一个特殊的双线性机，它满足 π、η 和 $\boldsymbol{M}(\sigma)$ 都在实数范围内取值。

第 2 章已经给出了概率有限自动机的定义，这里可以用另一种形式来描述它。从双线性机的角度来看，概率有限自动机是对双线性机做进一步的限制，即要求满足：π 是随机向量，η 的元素取值只能为 0 或 1，对每个 $\sigma \in \Sigma$，矩阵 $\boldsymbol{M}(\sigma)$ 是随机矩阵。因此，概率有限自动机可以用矩阵的形式表示。另外，一个概率有限自动机$\mathcal{M}$按照式（4.1）所定义的函数 $f_{\mathcal{M}}$的值域为[0,1]。

给定一个概率有限自动机$\mathcal{M}$，如果 π 只含一个 1，其余元素为 0，且随机矩阵 $\boldsymbol{M}(\sigma)$ 只由 0 和 1 构成，则$\mathcal{M}$就是 DFA。这里以矩阵形式给出的 DFA 的定义与第 2 章中以状态转移形式给出的 DFA 的定义在本质上是一致的。DFA $\mathcal{M}$按照式（4.1）所定义的函数 $f_{\mathcal{M}}$的值域为{0,1}。DFA $\mathcal{M}$所能识别的语言 L 也可用一种不同于第 2 章中的方式给出：

$$L = \{w \in \Sigma^* : f_{\mathcal{M}}(w) = 1\}. \tag{4.2}$$

此时，也称 $f_{\mathcal{M}}$为语言的特征函数，记为 χ_L。具体地，对任意 $x \in \Sigma^*$ 有

$$\chi_L(x)=\begin{cases}1 & x\in L,\\ 0 & x\notin L.\end{cases} \tag{4.3}$$

一个被大家熟知的结论是：DFA 只能识别正则语言，且对每个正则语言，都有一个最小 DFA 识别它[11]。

由上面的定义，容易得到以下关系：

$$\text{DFA}\subset\text{PFA}\subset\text{GA}\subset\text{RBLM}\subset\text{BLM}. \tag{4.4}$$

下面给出双线性机等价的定义。

定义 4.2 两个具有相同输入字母表 Σ 的双线性机（包括 RBLM、GA、PFA 和 DFA）$\mathcal{M}_1$ 和$\mathcal{M}_2$ 被称为等价的（k-等价的），是指 $f_{\mathcal{M}_1}(w) = f_{\mathcal{M}_2}(w)$

对任意 $w \in \Sigma^*$ 成立(对满足 $|w| \leqslant k$ 的 $w \in \Sigma^*$ 成立)。

下面给出两个关于双线性机的命题。

命题 4.1 假设 n 维的双线性机 $\mathcal{M}$ 具有输入字母表 $\Sigma \cup \{\tau\}$,其中 $\tau \notin \Sigma$,则可构造另一个具有相同维数的双线性机 $\dot{\mathcal{M}}$,其输入字母表为 Σ,且满足 $f_{\mathcal{M}}(w\tau) = f_{\dot{\mathcal{M}}}(w)$ 对任意 $w \in \Sigma^*$ 成立。

证明 构造 $\dot{\mathcal{M}}$ 使之与 $\mathcal{M}$ 相同,除了 $\dot{\eta} = \eta\boldsymbol{U}(\tau)$,其中 $\dot{\eta}$ 为 $\dot{\mathcal{M}}$ 中的元素,$\boldsymbol{U}(\tau)$ 和 η 为 $\mathcal{M}$ 中的元素。显然有 $f_{\mathcal{M}}(w\tau) = f_{\dot{\mathcal{M}}}(w)$ 对任意 $w \in \Sigma^*$ 成立。

□

接下来,另一个要介绍的命题表明:任何一个实值双线性机都存在一个一般自动机与之等价。主要证明思想源于文献[12]。

命题 4.2 对任意一个实值双线性机 $\mathcal{M}$,可构造一个 $2n$ 维的一般自动机 $\mathcal{M}'$ 与之等价。

证明 首先一个复数 $c = a + bi$ 有以下实矩阵表示形式:

$$c = \begin{bmatrix} a & b \\ -b & a \end{bmatrix}.$$

类似地,一个 $n \times n$ 复矩阵可表示为一个 $2n \times 2n$ 实矩阵。同时,也可验证:给定两个复矩阵 $\boldsymbol{A}$ 和 $\boldsymbol{B}$(假定 $\boldsymbol{A}$ 和 $\boldsymbol{B}$ 可以相乘),若 $\boldsymbol{A}'$ 和 $\boldsymbol{B}'$ 分别是 $\boldsymbol{A}$ 和 $\boldsymbol{B}$ 的实矩阵表示形式,则 $\boldsymbol{A}'\boldsymbol{B}'$ 是 $\boldsymbol{AB}$ 的实矩阵表示形式。

现在假设有一个 n 维的实值双线性机 $\mathcal{M} = (\pi, \Sigma, \{\boldsymbol{M}(\sigma)\}_{\sigma \in \Sigma}, \eta)$,那么对任意的 $x = x_1 \cdots x_m \in \Sigma^*$,有 $\eta \boldsymbol{M}(x_m) \cdots \boldsymbol{M}(x_2)\boldsymbol{M}(x_1)\pi = f_{\mathcal{M}}(x) \in \mathbb{R}$。利用上面提到的实矩阵表示形式,可以把 π,$\boldsymbol{M}(x_i)$ 和 η 分别转换为 $2n \times 2$,$2n \times 2n$ 以及 $2 \times 2n$ 的实矩阵 $\dot{\pi}$,$\dot{\mathrm{M}}(x_i)$ 和 $\dot{\eta}$。从而有

$$\dot{\eta}\dot{\boldsymbol{M}}(x_m) \cdots \dot{\boldsymbol{M}}(x_2)\dot{\boldsymbol{M}}(x_1)\dot{\pi} = \begin{bmatrix} f_{\mathcal{M}}(x) & 0 \\ -1 & f_{\mathcal{M}}(x) \end{bmatrix}. \tag{4.5}$$

令 π' 为 $\dot{\pi}$ 的左列元素,η' 为 $\dot{\eta}$ 的顶行元素,对任意 $\sigma \in \Sigma$,取 $\boldsymbol{M}'(\sigma) = \dot{\boldsymbol{M}}(\sigma)$。由此可得一般自动机 $\boldsymbol{M}' = (\pi', \Sigma, \{\boldsymbol{M}'(\sigma)\}_{\sigma \in \Sigma}, \eta')$,满足 $f_{\mathcal{M}}(w) = f_{\mathcal{M}'}(w)$ 对任意 $w \in \Sigma^*$ 成立。因此,命题得证。 □

如前所述,概率有限自动机是双线性机的特殊情况。到目前为止,概率有限自动机已经得到了很好的研究,较系统的介绍可参考文献[111]。特别地,Paz 在文献[111]中讨论了概率有限自动机的等价性问题,并得到以下重要结论。

定理 4.1 两个概率有限自动机$\mathcal{A}_1$和$\mathcal{A}_2$是等价的，当且仅当它们是(n_1+n_2-1)-等价的，其中n_1和n_2分别是$\mathcal{A}_1$和$\mathcal{A}_2$的状态数。

上述定理使得判定两个概率有限自动机是否等价的问题可在有限时间内解决。然而，如果直接利用上述定理判定概率有限自动机的等价性，所费时间将与状态数呈指数增长。因此，Tzeng 在文献[112]中进一步考虑了该问题，给出了一个多项式时间的判定算法。结果如下：

定理 4.2 存在一个多项式时间的算法以概率有限自动机$\mathcal{A}_1$和$\mathcal{A}_2$为输入，可在时间复杂度$O((n_1+n_2)^4)$内判定$\mathcal{A}_1$与$\mathcal{A}_2$是否等价，其中n_1和n_2分别为$\mathcal{A}_1$和$\mathcal{A}_2$的状态数。

备注 4.1 文献[112]在设计上述算法时是以二元字母表$\Sigma=\{0,1\}$为例进行证明的。在一般情况下假设$|\Sigma|=m$，则根据文献[112]中的思路，算法时间复杂度应为$O(m(n_1+n_2)^4)$。由于本书关注的是算法时间与机器状态数的关系，所以后文中通常都不考虑参数m。

事实上，如果仔细阅读文献[111-112]对上述两个定理的证明过程，会发现文献[111-112]中对上述两定理的证明完全没有用到概率有限自动机的本质特性，即矩阵和向量的随机性，而只是用到了一些关于线性空间的一般性的知识，从而该证明过程完全可以扩展到双线性机。因此，可得到以下更具一般性的结论。

定理 4.3 两个双线性机(包括 RBLM、GA、PFA 和 DFA)$\mathcal{A}_1$和$\mathcal{A}_2$是等价的，当且仅当它们是(n_1+n_2-1)-等价的，其中n_1和n_2分别是$\mathcal{A}_1$和$\mathcal{A}_2$的维数。进一步地，存在多项式时间算法以$\mathcal{A}_1$和$\mathcal{A}_2$为输入，可在时间复杂度$O((n_1+n_2)^4)$内判定它们是否等价。

备注 4.2 ①双线性机的等价性判定算法与概率有限自动机的等价性判定算法[112]一样，只是这两种模型的运行时间可能会相差一个常数，因为双线性机是在复数域内取值的，而概率有限自动机是在实数域内取值的。但是，它们运行时间的数量级是一样的，均为$O((n_1+n_2)^4)$。②对于实值双线性机(RBLM)，在设计等价性判定算法时，为了避免对复数的操作，可先利用命题 4.4 将其转化为一般自动机，再做等价性判定。不过，这样的转化过程不是必需的。

4.1.2 量子自动机的等价性定义

下面给出量子计算模型的等价性定义及一些相关的概念。从前面介绍量子有限自动机的定义可知,量子有限自动机对任意给定输入都有一个接受概率。称两个量子有限自动机等价,是指它们对任意的输入都有相同的接受概率。形式化的定义如下:

定义 4.3 两个具有相同输入字母表 Σ 的量子有限自动机(包括 MO-1QFA、MM-1QFA、CL-1QFA、k-字符 QFA 等)$\mathcal{M}_1$ 和 $\mathcal{M}_2$ 被称为 k-等价的,是指 $P_{\mathcal{M}_1}(x)=P_{\mathcal{M}_2}(x)$ 对满足 $|x|\leqslant k$ 的 $x\in\Sigma^*$ 成立;它们被称为是等价的,是指前面的等式对任意 $x\in\Sigma^*$ 成立。

关于量子时序机的等价性定义,下面先介绍一些符号。首先回忆一下量子时序机的定义,它是一个五元组

$$\mathcal{M}=(S,|\varphi_0\rangle,\boldsymbol{I},O,\{\boldsymbol{A}(y|x):y\in O,x\in\boldsymbol{I}\}. \tag{4.6}$$

在式(4.6)中,对输入字母表 $\boldsymbol{I}$ 和输出字母表 O,称下面集合

$$Pair(\boldsymbol{I},O)=\{(\boldsymbol{u},\boldsymbol{v})\in\boldsymbol{I}^*\times O^*:|\boldsymbol{u}|=|\boldsymbol{v}|\} \tag{4.7}$$

为量子时序机的输入输出对集合。对于输入输出对$(\boldsymbol{u},\boldsymbol{v})$,用 $l(\boldsymbol{u},\boldsymbol{v})$表示其长度,即 $l(\boldsymbol{u},\boldsymbol{v})=|\boldsymbol{u}|=|\boldsymbol{v}|$。

$P_{\mathcal{M}}(\boldsymbol{v}|\boldsymbol{u})$表示$\mathcal{M}$对输入输出对$(\boldsymbol{u},\boldsymbol{v})$的概率,即

$$P_{\mathcal{M}}(\boldsymbol{v}|\boldsymbol{u})=\|\boldsymbol{A}(v_n|u_n)\cdots\boldsymbol{A}(v_2|v_2)\boldsymbol{A}(v_1|u_1)|\varphi_0\rangle\|^2. \tag{4.8}$$

下面给出两个量子时序机等价的定义。

定义 4.4 两个具有相同输入输出字母表的量子时序机$\mathcal{M}_1$ 和$\mathcal{M}_2$ 被称为 k-等价的,是指 $P_{\mathcal{M}_1}(\boldsymbol{v}|\boldsymbol{u})=P_{\mathcal{M}_2}(\boldsymbol{v}|\boldsymbol{u})$对满足 $l(\boldsymbol{u},\boldsymbol{v})\leqslant k$ 的输入输出对$(\boldsymbol{u},\boldsymbol{v})$成立;它们被称为是等价的,是指前面等式对任意输入输出对成立。

接下来集中解决一些主要量子计算模型的等价性问题,包括 QSM、MO-1QFA、MM-1QFA、CL-1QFA 以及多字符 QFA 的等价性问题。在这过程中,主要的思想是:把量子计算模型转化为双线性机(该过程简称为双线性化),然后判定两个双线性机是否等价。尽管如此,针对不同的量子计算模型,双线性化还是需要不同的处理技巧。

4.2 量子时序机的等价性

量子时序机的等价性问题最早是在2000年由美国学者Gudder[16]提出来的。Gudder之所以提出这个问题，主要是基于这样的背景：在文献[111]中有一个重要结论——“两个状态数分别n_1和n_2的随机时序机等价当且仅当它们是(n_1+n_2-1)-等价的”。因此，Gudder提出：(n_1+n_2-1)-等价是否也是两个量子时序机等价的充分必要条件？2006年，本书作者在文献[18]中给出了两个量子时序机等价的充分必要条件，并且进一步在文献[116]中指出存在多项式时间的等价性判定算法。至此，量子时序机的等价性问题得到了较完整的解决。

接下来详细给出两个量子时序机等价的充分必要条件及其证明过程，并给出多项式时间的等价性判定算法。我们将用两种不同的方法处理量子时序机的等价性问题。

4.2.1 方法一

下面给出量子时序机等价性问题的第一种解决方法，首先给出主要结论。

定理4.4 两个量子时序机$\mathcal{M}$和$\mathcal{M}'$是等价的，当且仅当它们是$(n^2+n'^2-1)$-等价的，其中n和n'分别是$\mathcal{M}$和$\mathcal{M}'$的状态数。

证明 必要性是显然的，下面证明充分性。给定一个量子时序机

$$\mathcal{M}=(S,|\varphi_0\rangle,\boldsymbol{I},O,\{\boldsymbol{A}(y|x)\}),$$

对输入输出对$(\boldsymbol{u},\boldsymbol{v})=(u_1u_2\cdots u_m,v_1v_2\cdots v_m)$，有

$$\begin{aligned}P_{\mathcal{M}}(\boldsymbol{v}|\boldsymbol{u})&=\|\boldsymbol{A}(\boldsymbol{v}|\boldsymbol{u})|\varphi_0\rangle\|^2\\&=\langle\varphi_0|\boldsymbol{A}(\boldsymbol{v}|\boldsymbol{u})^\dagger\boldsymbol{A}(\boldsymbol{v}|\boldsymbol{u})|\varphi_0\rangle\\&=\langle\varphi_0|(\boldsymbol{A}(\boldsymbol{v}|\boldsymbol{u})^\dagger\boldsymbol{A}(\boldsymbol{v}|\boldsymbol{u}))|\varphi_0\rangle,\end{aligned}\tag{4.9}$$

其中，$\boldsymbol{A}(\boldsymbol{v}|\boldsymbol{u})=\boldsymbol{A}(v_m|u_m)\cdots\boldsymbol{A}(v_2|u_2)\boldsymbol{A}(v_1|u_1)$，并规定$\boldsymbol{A}(\varepsilon|\varepsilon)=\boldsymbol{I}$为单位矩阵。记$D(\boldsymbol{v}|\boldsymbol{u})=\boldsymbol{A}(\boldsymbol{v}|\boldsymbol{u})^\dagger\boldsymbol{A}(\boldsymbol{v}|\boldsymbol{u})$，它是一个$n\times n$的埃尔米特矩阵，其中$n$

为$\mathcal{M}$的状态数。从而有

$$P_{\mathcal{M}}(\boldsymbol{v}|\boldsymbol{u})=\langle\varphi_0|D(\boldsymbol{v}|\boldsymbol{u})|\varphi_0\rangle. \tag{4.10}$$

同时,对 $x\in\boldsymbol{I}, y\in O, (\boldsymbol{u},\boldsymbol{v})\in Pair(I,O)$,有

$$\begin{aligned} D(y\boldsymbol{v}|x\boldsymbol{u}) &= \boldsymbol{A}(y|x)^{\dagger}\boldsymbol{A}(\boldsymbol{v}|\boldsymbol{u})^{\dagger}\boldsymbol{A}(\boldsymbol{v}|\boldsymbol{u})\boldsymbol{A}(y|x) \\ &= \boldsymbol{A}(y|x))^{\dagger}D(\boldsymbol{v}|\boldsymbol{u})\boldsymbol{A}(y|x). \end{aligned} \tag{4.11}$$

式(4.11)揭示了 $D(y\boldsymbol{v}|x\boldsymbol{u})$和 $D(\boldsymbol{v}|\boldsymbol{u})$之间的关系,它将在后面的证明中起重要作用。

对量子时序机$\mathcal{M}=(S,|\varphi_0\rangle,\boldsymbol{I},O,\{\boldsymbol{A}(y|x)\})$,定义 $D^{\mathcal{M}}$为以下集合

$$D^{\mathcal{M}}=\{D(\boldsymbol{v}|\boldsymbol{u}):(\boldsymbol{u},\boldsymbol{v})\in Pair(\boldsymbol{I},O)\}. \tag{4.12}$$

对 $k=0,1,2,\cdots$,记 $D^{\mathcal{M}}(k)$为 $D^{\mathcal{M}}$的一个子集

$$D^{\mathcal{M}}(k)=\{D(\boldsymbol{v}|\boldsymbol{u}):l(\boldsymbol{v},\boldsymbol{u})\leqslant k,(\boldsymbol{u},\boldsymbol{v})\in Pair(\boldsymbol{I},O)\}. \tag{4.13}$$

则有

$$D^{\mathcal{M}}(0)\subseteq D^{\mathcal{M}}(1)\subseteq\cdots\subseteq D^{\mathcal{M}}\subseteq\mathbb{C}^{n\times n}. \tag{4.14}$$

对于以上集合,有下面的引理:

引理 4.1 对量子时序机$\mathcal{M}=(S,|\varphi_0\rangle,\boldsymbol{I},O,\{\boldsymbol{A}(y|x)\})$,可在 $D^{\mathcal{M}}(n^2-1)$中找到一线性无关向量组,使得 $D^{\mathcal{M}}$ 中的向量均可由这些向量线性表示,其中 n 是$\mathcal{M}$的状态数。

证明 令 $\varphi(k)$为 $D^{\mathcal{M}}(k)$生成的线性空间,φ 为 $D^{\mathcal{M}}$生成的线性空间,则它们都是$\mathbb{C}^{n\times n}$的子空间,并有

$$\dim\varphi(i)\leqslant\dim\varphi(j),i\leqslant j, \tag{4.15}$$

$$\dim\varphi(k)\leqslant n^2,\forall k\in\{0,1,2,\cdots\}. \tag{4.16}$$

注意式(4.15)和(4.16)成立是因为式(4.14)成立。进一步地,可证明:如果 $\varphi(i)=\varphi(i+1)$对某个 i 成立,则 $\varphi(i)\equiv\varphi(i+j)$对 $j=1,2,\cdots$均成立。证明如下:

$$\begin{aligned} \eta\in\varphi(i+2) &\Rightarrow \eta=\sum_k a_k D(v_k\mid u_k) \qquad (l(v_k,u_k)\leqslant i+2) \\ &\Rightarrow \eta=\sum_k a_k\boldsymbol{A}(y\mid x)^{\dagger}D(v'_k\mid u'_k)\boldsymbol{A}(y\mid x) \\ &\qquad\qquad (l(v'_k,u'_k)\leqslant i+1) \\ &\qquad (\text{因为 } \varphi(i+1)=\varphi(i)) \\ &\Rightarrow \eta=\sum_k a_k\boldsymbol{A}(y\mid x)^{\dagger}\left(\sum_j b_j D(v'_{kj}\mid u'_{kj})\right)\boldsymbol{A}(y\mid x) \\ &\qquad\qquad (l(v'_{kj},u'_{kj})\leqslant i) \end{aligned}$$

$$\Rightarrow \eta = \sum_k a_k \sum_j b_j \boldsymbol{A}(y \mid x)^\dagger D(v'_{kj} \mid u'_{kj}) \boldsymbol{A}(y \mid x)$$

$$\Rightarrow \eta = \sum_k \sum_j a_k b_j D(v''_{kj} \mid u''_{kj}).\ (l(v'', u'') \leqslant i+1)$$

因此，$\eta \in \varphi(i+1) = \varphi(i)$，即证得 $\varphi(i) \equiv \varphi(i+2)$。类似地，可证明 $\varphi(i) \equiv \varphi(i+j)$ 对 $j \geqslant 3$。

上面结论表明存在一个 i_0，使得

$$1 \leqslant \dim\varphi(0) < \dim\varphi(1) < \cdots < \dim\varphi(i_0) = \dim\varphi(i_0+1)$$
$$= \dim\varphi(i_0+2) = \cdots = \dim\varphi \leqslant n^2. \tag{4.17}$$

由此可知，式(4.17)必然满足 $i_0 \leqslant n^2 - 1$。

因此，可在 $D^{\mathcal{M}}(n^2-1)$ 找到一线性无关向量组，使得 $D^{\mathcal{M}}$ 中的任意向量可由该无关组中的元素线性表示。引理 4.1 得证。 □

下面证明定理 4.8 中的结论。给定两个量子时序机如下：

$$\mathcal{M} = (S, |\varphi_0\rangle, \boldsymbol{I}, O, \{\boldsymbol{A}(y|x)\}),$$
$$\mathcal{M}' = (S', |\varphi'_0\rangle, \boldsymbol{I}, O, \{\boldsymbol{A}'(y|x)\}),$$

其中，$|S| = n$，$|S'| = n'$，并假定 $S \cap S' = \varnothing$。构造 $\mathcal{M}$ 和 $\mathcal{M}'$ 的直和

$$\dot{\mathcal{M}} = \mathcal{M}' \oplus \mathcal{M} = (\dot{S}, \boldsymbol{I}, O, \{\dot{\boldsymbol{A}}(y|x)\}),$$

其中，$\dot{S} = S \cup S'$，$\dot{\boldsymbol{A}}(y|x) = \boldsymbol{A}(y|x) \oplus \boldsymbol{A}'(y|x)$。注意，上面没有给出 $\dot{\mathcal{M}}$ 的初始状态。令 $|\eta\rangle = \begin{pmatrix} |\varphi_0\rangle \\ 0 \end{pmatrix}$ 和 $|\eta'\rangle = \begin{pmatrix} 0 \\ |\varphi'_0\rangle \end{pmatrix}$ 为 $(n+n')$ 维的向量，则它们可作为 $\dot{\mathcal{M}}$ 的初始状态。

记 $P_{\dot{\mathcal{M}}}^{|\eta\rangle}(\boldsymbol{v}|\boldsymbol{u}) = \|\dot{\boldsymbol{A}}(\boldsymbol{v}|\boldsymbol{u})|\eta\rangle\|^2$ 和 $P_{\dot{\mathcal{M}}}^{|\eta'\rangle}(\boldsymbol{v}|\boldsymbol{u}) = \|\dot{\boldsymbol{A}}(\boldsymbol{v}|\boldsymbol{u})|\eta'\rangle\|^2$，则容易验证

$$P_{\mathcal{M}}(\boldsymbol{v}|\boldsymbol{u}) = P_{\dot{\mathcal{M}}}^{|\eta\rangle}(\boldsymbol{v}|\boldsymbol{u}), \tag{4.18}$$

$$P_{\mathcal{M}'}(\boldsymbol{v}|\boldsymbol{u}) = P_{\dot{\mathcal{M}}}^{|\eta'\rangle}(\boldsymbol{v}|\boldsymbol{u}). \tag{4.19}$$

因此，有

$$\mathcal{M}\text{和}\mathcal{M}'\text{等价} \Leftrightarrow P_{\mathcal{M}}(\boldsymbol{v}|\boldsymbol{u}) = P_{\mathcal{M}'}(\boldsymbol{v}|\boldsymbol{u}),\ \forall(\boldsymbol{u},\boldsymbol{v}) \in Pair(\boldsymbol{I}, O)$$
$$\Leftrightarrow P_{\dot{\mathcal{M}}}^{|\eta\rangle}(\boldsymbol{v}|\boldsymbol{u}) = P_{\dot{\mathcal{M}}}^{|\eta'\rangle}(\boldsymbol{v}|\boldsymbol{u}),\ \forall(\boldsymbol{u},\boldsymbol{v}) \in Pair(\boldsymbol{I}, O)$$
$$\Leftrightarrow \langle\eta|\dot{D}(\boldsymbol{v}|\boldsymbol{u})|\eta\rangle = \langle\eta'|\dot{D}(\boldsymbol{v}|\boldsymbol{u})|\eta'\rangle,\ \forall(\boldsymbol{u},\boldsymbol{v}) \in Pair(\boldsymbol{I}, O), \tag{4.20}$$

其中，$\dot{D}(\boldsymbol{v}|\boldsymbol{u}) = \dot{\boldsymbol{A}}^\dagger(\boldsymbol{v}|\boldsymbol{u})\dot{\boldsymbol{A}}(\boldsymbol{v}|\boldsymbol{u})$。定义集合

$$\dot{D}^{\dot{\mathcal{M}}} = \{\dot{D}(\boldsymbol{v}|\boldsymbol{u}) : (\boldsymbol{u},\boldsymbol{v}) \in Pair(\boldsymbol{I}, O)\}. \tag{4.21}$$

对 $k=0,1,2,\cdots$,记

$$\dot{D}^{\mathcal{M}}(k)=\{\dot{D}(\boldsymbol{v}\,|\,\boldsymbol{u}):l(\boldsymbol{v},\boldsymbol{u})\leqslant k,(\boldsymbol{u},\boldsymbol{v})\in Pair(\boldsymbol{I},O)\}. \tag{4.22}$$

则有

$$\dot{D}^{\mathcal{M}}(1)\subseteq\cdots\subseteq\dot{D}^{\mathcal{M}}\subseteq\mathbb{C}^{n\times n}\oplus\mathbb{C}^{n'\times n'}. \tag{4.23}$$

注意式(4.23)中上界可以取到$\mathbb{C}^{n\times n}\oplus\mathbb{C}^{n'\times n'}$,而不取更大的上界$\mathbb{C}^{(n+n')\times(n+n')}$。同时也注意到,空间$\mathbb{C}^{n\times n}\oplus\mathbb{C}^{n'\times n'}$的维数是 $n^2+n'^2$,而不是$(n+n')^2$。

因此,类似于引理 4.1 的证明过程可得,在 $\dot{D}^{\mathcal{M}}(n^2+n'^2-1)$中可找到一组线性无关向量,使得 $\dot{D}^{\mathcal{M}}$ 中的任意向量可由它们线性表示。所以要使式(4.20)对任意输入输出对成立,只要它们对长度小于或等于 $n^2+n'^2-1$ 的输入输出对成立。定理 4.8 得证。 □

4.2.2 多项式时间的等价性判定算法

前面已经给出了两个量子时序机等价的判定标准,对于两个状态数分别为 n_1 和 n_2 的量子时序机,要判定它们是否等价,只需要验证它们对长度小于或等于 $n_1^2+n_2^2-1$ 的输入输出对是否等价。因此,如果设计一个算法直接模拟上述过程,则该算法需验证 $O(m^{(n_1^2+n_2^2)})$个输入输出对,其中 $m=|\boldsymbol{I}|\times|O|$。显然,这样的算法所花的时间与机器的状态数成指数增长。因此,自然可问:是否存在一个多项式(关于机器状态数的多项式)时间的算法可判定两个量子时序机的等价性?下面给出对该问题的一个肯定的回答。

定理 4.5 存在一个多项式时间算法,以量子时序机$\mathcal{M}_1$ 和$\mathcal{M}_2$ 为输入,可判定$\mathcal{M}_1$ 和$\mathcal{M}_2$ 是否等价。进一步地,如果这两个量子时序机不等价,则输出一个输入输出对$(\boldsymbol{u},\boldsymbol{v})$满足 $P_{\mathcal{M}_1}(\boldsymbol{v}\,|\,\boldsymbol{u})\neq P_{\mathcal{M}_2}(\boldsymbol{v}\,|\,\boldsymbol{u})$,并且 $l(\boldsymbol{u},\boldsymbol{v})\leqslant n_1^2+n_2^2-1$,其中$n_1$ 和 n_2分别是$\mathcal{M}_1$ 和$\mathcal{M}_2$ 的状态数。

证明 由前面的证明过程可发现,判定两个量子时序机等价性的关键是要在有效时间内找出前面过程中式(4.21)的线性无关向量组,如果该线性无关组被找到,则只需判断其中的向量是否满足等价性要求即可。因此,下面的证明过程就是说明如何在有效时间内找到上面所说的线性无关向量组。

为了证明的清楚性,需要简要回顾前面的证明过程。给定两个量子时序机,它们具有相同的输入输出字母表,如下:

$$\mathcal{M}_1=(S_1,|\varphi_0\rangle,\boldsymbol{I},O,\{\boldsymbol{A}_1(y|x)\}),$$
$$\mathcal{M}_2=(S_2,|\varphi_0\rangle,\boldsymbol{I},O,\{\boldsymbol{A}_2(y|x)\}).$$

其中，$|S_1|=n_1$，$|S_2|=n_2$，$S_1\cap S_2=\varnothing$。构造它们的直和$\mathcal{M}=(S,\boldsymbol{I},O,\{\boldsymbol{A}(y|x)\})$，其中 $S=S_1\cup S_2$，$\boldsymbol{A}(y|x)=\boldsymbol{A}_1(y|x)\oplus\boldsymbol{A}_2(y|x)$。对任意的输入输出对$(\boldsymbol{u},\boldsymbol{v})$，记

$$D(\boldsymbol{v}|\boldsymbol{u})=\boldsymbol{A}(\boldsymbol{v}|\boldsymbol{u})^{\dagger}\boldsymbol{A}(\boldsymbol{v}|\boldsymbol{u}). \tag{4.24}$$

从而，对任意的$(\boldsymbol{u},\boldsymbol{v})\in Pair(\boldsymbol{I},O)$和$(x,y)\in\boldsymbol{I}\times O$，有

$$\begin{aligned}D(y\boldsymbol{v}|x\boldsymbol{u})&=\boldsymbol{A}(y\boldsymbol{v}|x\boldsymbol{u})^{\dagger}\boldsymbol{A}(y\boldsymbol{v}|x\boldsymbol{u})\\&=(\boldsymbol{A}(\boldsymbol{v}|\boldsymbol{u})\boldsymbol{A}(y|x))^{\dagger}\boldsymbol{A}(\boldsymbol{v}|\boldsymbol{u})\boldsymbol{A}(y|x)\\&=\boldsymbol{A}(y|x)^{\dagger}D(\boldsymbol{v}|\boldsymbol{u})A(y|x).\end{aligned} \tag{4.25}$$

令

$$\mathcal{D}=\{D(\boldsymbol{v}|\boldsymbol{u}):(\boldsymbol{u},\boldsymbol{v})\in Pair(\boldsymbol{I},O)\}. \tag{4.26}$$

且令$|\eta\rangle=\begin{pmatrix}|\varphi_0\rangle\\0\end{pmatrix}$和$|\eta'\rangle=\begin{pmatrix}0\\|\varphi_0\rangle\end{pmatrix}$，它们均为$(n_1+n_2)$维的列向量，可作为$\mathcal{M}$的两个初始状态。从而对任意输入输出对$(\boldsymbol{u},\boldsymbol{v})$，有

$$P_{\mathcal{M}_1}(\boldsymbol{v}|\boldsymbol{u})=\|\boldsymbol{A}(\boldsymbol{v}|\boldsymbol{u})|\eta\rangle\|^2, \tag{4.27}$$
$$P_{\mathcal{M}_2}(\boldsymbol{v}|\boldsymbol{u})=\|\boldsymbol{A}(\boldsymbol{v}|\boldsymbol{u})|\eta\rangle'\|^2. \tag{4.28}$$

所以，$\mathcal{M}_1$ 和$\mathcal{M}_2$ 等价（$P_{\mathcal{M}_1}(\boldsymbol{v}|\boldsymbol{u})=P_{\mathcal{M}_2}(\boldsymbol{v}|\boldsymbol{u})$对任意输入输出对$(\boldsymbol{u},\boldsymbol{v})$成立），当且仅当即对任意 $D(\boldsymbol{v}|\boldsymbol{u})\in\mathcal{D}$，有

$$\langle\eta|D(\boldsymbol{v}|\boldsymbol{u})|\eta\rangle=\langle\eta'|D(\boldsymbol{v}|\boldsymbol{u})|\eta'\rangle. \tag{4.29}$$

令 $\Phi(\mathcal{D})$为$\mathcal{D}$所生成的线性空间，则 $\Phi(\mathcal{D})$是$\mathbb{C}^{n_1\times n_1}\oplus\mathbb{C}^{n_2+n_2}$的子空间，后者的维数是 $n_1^2+n_2^2$。进一步，令$\mathcal{B}\subseteq\mathcal{D}$为 $\Phi(\mathcal{D})$的一组基，则$\mathcal{B}$中最多只有 $n_1^2+n_2^2$ 个元素，并且$\mathcal{M}_1$ 和$\mathcal{M}_2$ 等价当且仅当式(4.29)对任意 $D(\boldsymbol{v}|\boldsymbol{u})\in\mathcal{B}$成立。所以，关键是如何在有效时间内找到 $\Phi(\mathcal{D})$的基$\mathcal{B}$。

算法设计 不失一般性，假设 $\boldsymbol{I}=\{a\}$和 $O=\{0,1\}$。定义一棵二叉树 T 如下：T 具有结点 $D(\boldsymbol{v}|\boldsymbol{u})$（如式(4.24)定义)）对应于每个输入输出对$(\boldsymbol{u},\boldsymbol{v})\in Pair(\boldsymbol{I},O)$。$T$ 的根结点为 $D(\epsilon|\epsilon)$，它是一个单位矩阵 $\boldsymbol{I}$。每个结点 $D(\boldsymbol{v}|\boldsymbol{u})$都有两个孩子结点 $D(0\boldsymbol{v}|a\boldsymbol{u})$和 $D(1\boldsymbol{v}|a\boldsymbol{u})$。对 $x\in\boldsymbol{I}$ 和 $y\in O$，$D(y\boldsymbol{v}|x\boldsymbol{u})$可按式(4.25)由它的父结点 $D(\boldsymbol{v}|\boldsymbol{u})$计算而得。

算法描述如算法 4.1 所示。该算法的主要过程就是在有效时间内寻找 $\Phi(\mathcal{D})$的基$\mathcal{B}$，所用的技巧是对二叉树 T 进行剪枝。在该算法中，queue 表示

一个队列,$\mathcal{B}$就是上面所说的基,初始时把它置为空集。用广度优先的顺序访问树 T。在每个结点 $D(\boldsymbol{v}|\boldsymbol{u})$处,检查它是否与$\mathcal{B}$线性无关;如果线性无关,则把它加到$\mathcal{B}$中;否则,把 $D(\boldsymbol{v}|\boldsymbol{u})$以根为结点的子树剪掉,即不对 $D(\boldsymbol{v}|\boldsymbol{u})$的孩子结点进行访问。当 T 中的所有结点均被访问完或者被剪掉后,则停止访问树 T。这时,$\mathcal{B}$中的元素形成 $\Phi(\mathcal{D})$的一组基,这在后面将得到证明。在算法的最后,验证式(4.29)是否对$\mathcal{B}$中每一个元素成立,如果是,则两个机器等价;否则,算法输出$(\boldsymbol{u},\boldsymbol{v})$满足 $P_{\mathcal{M}_1}(\boldsymbol{v}|\boldsymbol{u})\neq P_{\mathcal{M}_2}(\boldsymbol{v}|\boldsymbol{u})$。

Input:$\mathcal{M}_1=(\boldsymbol{S}_1,|\varphi_0\rangle,\{a\},\{0,1\},\{\boldsymbol{A}_1(y|x)\})$

$\mathcal{M}_2=(\boldsymbol{S}_2,|\varphi_0\rangle,\{a\},\{0,1\},\{\boldsymbol{A}_2(y|x)\})$

  置$\mathcal{B}$为空;

  queue←$D(\epsilon|\epsilon)$;

  while queue 非空 **do**

  begin 从 queue 中取元素 $D(\boldsymbol{v}|\boldsymbol{u})$;

    if $D(\boldsymbol{v}|\boldsymbol{u})\notin \text{span}(\mathcal{B})$ **then**

    begin 把 $D(\boldsymbol{v}|\boldsymbol{u})$加入$\mathcal{B}$中;

      把 $D(0\boldsymbol{v}|a\boldsymbol{u})$和 $D(1\boldsymbol{v}|a\boldsymbol{u})$加入 queue 中;

    end;

  end;

  if $\forall D(\boldsymbol{v}|\boldsymbol{u})\in\mathcal{B},(\langle\varphi_0|,0)D(\boldsymbol{v}|\boldsymbol{u})\begin{pmatrix}|\varphi_0\rangle\\0\end{pmatrix}=(0,\langle\varphi_0|)D(\boldsymbol{v}|\boldsymbol{u})\begin{pmatrix}0\\|\varphi_0\rangle\end{pmatrix}$ **then**

  返回(yes);

  else 返回$\left((\boldsymbol{u},\boldsymbol{v}):(\langle\varphi_0|,0)D(\boldsymbol{v}|\boldsymbol{u})\begin{pmatrix}|\varphi_0\rangle\\0\end{pmatrix}\neq(0,\langle\varphi_0|)D(\boldsymbol{v}|\boldsymbol{u})\begin{pmatrix}0\\|\varphi_0\rangle\end{pmatrix}\right)$.

算法 4.1 量子时序机等价性判定算法

算法有效性分析 下面解释为什么集合$\mathcal{B}$形成 $\Phi(\mathcal{D})$的一组基。从算法 4.1 所示的算法过程可以看到,在算法运行之后,将得到一棵修剪了的树,记该树为 T_P,它由下列结点构成:

$$\mathcal{B}\cup\{D(\sigma_o\boldsymbol{v})|\sigma_i\boldsymbol{u}:D(\boldsymbol{v}|\boldsymbol{u})\in\mathcal{B},D(\sigma_0\boldsymbol{v}|\sigma_i\boldsymbol{u})\in\text{span}(\mathcal{B}),\sigma_i\in\boldsymbol{I},\sigma_o\in O\},\tag{4.30}$$

其中,前部分$\mathcal{B}$为树 T_P 的内部结点,后部分为树 T_P 的叶子结点。

对 $i\geqslant 0$,令

$$\mathcal{B}_i=\{D(y\boldsymbol{v}\mid x\boldsymbol{u}):D(\boldsymbol{v}\mid\boldsymbol{u})\text{为 }T_P\text{ 的叶子结点 }D,l(x,y)=i\}. \tag{4.31}$$

当 $i\geqslant1$ 时，集合$\mathcal{B}_i$ 由树 T 中所有未被访问的、距 T_P 中某个叶子距离为 i 的结点构成；当 $i=0$ 时，集合$\mathcal{B}_0$ 就为 T_P 的所有叶子结点。因此，容易看到：

$$\mathcal{D}=\mathcal{B}\cup\bigcup_{i=0}^{\infty}\mathcal{B}_i. \tag{4.32}$$

要证明$\mathcal{B}$形成 $\Phi(\mathcal{D})$的一组基相当于要证明 $\mathrm{span}(\mathcal{B})\equiv\mathrm{span}(\mathcal{D})$。等价地，只需证明如下结论：

命题 4.3 对所有 $i\geqslant0$，$\mathcal{B}_i\subseteq\mathrm{span}(\mathcal{B})$。

证明 令$\mathcal{B}=\{B_1,B_2,\cdots,B_m\}$对某个 $m\leqslant n_1^2+n_2^2$。通过对 i 进行归纳来证明该命题。

基础步：$\mathcal{B}_0\subseteq\mathrm{span}(\mathcal{B})$直接由上述分析可得。

归纳步：假设$\mathcal{B}_i\subseteq\mathrm{span}(\mathcal{B})$成立。对输入输出对$(\boldsymbol{u},\boldsymbol{v})$，$(x,y)\in Pair(\boldsymbol{I},O)$，其中，$D(\boldsymbol{v}\mid\boldsymbol{u})$是叶子结点，并有 $l(x,y)=i$，由式(4.31)知 $D(y\boldsymbol{v}\mid x\boldsymbol{u})\in\mathcal{B}_i$，并且由假设有 $D(y\boldsymbol{v}\mid x\boldsymbol{u})=\sum\limits_{j=1}^{m}\alpha_jB_j$ 对某些 $\alpha_j\in\mathbb{C}(j=1,2,\cdots,m)$成立。进一步，对任意 $B_j\in\mathcal{B}$，不妨设 $B_j=D(v_j\mid u_j)$对某个输入输出对(u_j,v_j)成立，从而，对任意的$(\sigma_o,\sigma_I)\in\boldsymbol{I}\times O$，有 $\boldsymbol{A}(\sigma_o\mid\sigma_1)^{\dagger}B_j\boldsymbol{A}(\sigma_o\mid\sigma_I)=D(\sigma_ov_j\mid\sigma_Iu_j)\in\mathrm{span}(\mathcal{B}\cup\mathcal{B}_0)$。

因此可得：

$$\begin{aligned}D(\sigma_oy\boldsymbol{v}\mid\sigma_Ix\boldsymbol{u})&=\boldsymbol{A}(\sigma_o\mid\sigma_I)^{\dagger}D(y\boldsymbol{v}\mid x\boldsymbol{u})\boldsymbol{A}(\sigma_o\mid\sigma_I) &(4.33)\\&=\boldsymbol{A}(\sigma_o\mid\sigma_I)^{\dagger}\left(\sum_{j=1}^{m}\alpha_jB_j\right)\boldsymbol{A}(\sigma_o\mid\sigma_I) &(4.34)\\&=\sum_{j=1}^{m}\alpha_j(\boldsymbol{A}(\sigma_o\mid\sigma_I)^{\dagger}B_j\boldsymbol{A}(\sigma_o\mid\sigma_I)) &(4.35)\\&\in\mathrm{span}(\mathcal{B}\cup\mathcal{B}_0)\equiv\mathrm{span}(\mathcal{B}). &(4.36)\end{aligned}$$

上面推导说明$\mathcal{B}_{i+1}\subseteq\mathrm{span}(\mathcal{B})$。

综上所述，命题得证。 □

算法复杂性分析 首先假定所有输入中复数的实部与虚部都是有理数，并且有理数上的算术操作都可在常数时间内完成。

由于基$\mathcal{B}$最多只有 $n_1^2+n_2^2$ 个元素，所以上述算法最多访问 $O(n_1^2+n_2^2)$个结点。在每个被访问的结点 $D(\boldsymbol{v}\mid\boldsymbol{u})$处，算法需做两件事：①验证$(n_1^2+n_2^2)$维的向量 $D(\boldsymbol{v}\mid\boldsymbol{u})$是否与$\mathcal{B}$线性无关，该过程需耗费时间 $O((n_1^2+n_2^2)^3)$(这里

需要用到文献[145]中的一个结论:验证一组 n 维的向量是否线性无关所需时间为 $O(n^3)$);②根据式(4.25)计算 $D(\boldsymbol{v}|\boldsymbol{u})$ 的孩子结点(如果 $D(\boldsymbol{v}|\boldsymbol{u})\notin\mathcal{B}$),该过程需耗费时间 $O((n_1^2+n_2^2))$,花在矩阵相乘的操作上。所以总共耗费时间为 $O((n_1^2+n_2^2)^4)$。

至此,完成了上述定理的证明。 □

备注 4.3 在上述过程中,为了方便性只考虑了 $|\boldsymbol{I}|=1$、$|O|=2$ 的情况。一般情况下令 $m=|\boldsymbol{I}|\times|O|$,则算法过程几乎与上面一样,只是算法访问结点的数目有所变化,最多为 $O(m(n_1^2+n_2^2))$。相应地,算法的时间复杂度将为 $O(m(n_1^2+n_2^2)^4)$。

4.2.3 方法二

前面已经给出了两个量子时序机等价的判定标准,下面给出另一种略微不同的解决方法,这样可以加深对问题的理解。主要思路是把一个 n 态的量子时序机转化为一个等价的 n^2 维的双线性机,然后再判定双线性机的等价性。根据这种思路,可以得到和前面定理 4.12 相同的结论。下面对主要过程做简要介绍。

给定一个 n 态的量子时序机 $\mathcal{M}=(S,|\varphi_0\rangle,\boldsymbol{I},O,\{\boldsymbol{A}(y|x)\})$,令 $\langle h_j|$ 为 n 维的行向量($j=1,2,\cdots,n$),它只在第 j 个元素为 $\boldsymbol{I}$,其他元素为 0,则有

$$P_{\mathcal{M}}(\boldsymbol{v}\mid\boldsymbol{u})=\|\boldsymbol{A}(\boldsymbol{v}\mid\boldsymbol{u})\mid\varphi_0\rangle\|^2 \tag{4.37}$$

$$=\sum_{j=1}^{n}|\langle h_j\mid\boldsymbol{A}(\boldsymbol{v}\mid\boldsymbol{u})\mid\varphi_0\rangle|^2 \tag{4.38}$$

$$=\sum_{j=1}^{n}(\langle h_j|\otimes\langle h_j|^*)[\boldsymbol{A}(\boldsymbol{v}\mid\boldsymbol{u})\otimes\boldsymbol{A}(\boldsymbol{v}\mid\boldsymbol{u})^*](|\varphi_0\rangle\otimes|\varphi_0\rangle^*), \tag{4.39}$$

其中,符号 $*$ 表示共轭。因此,构造一个双线性机 $\mathcal{M}'=(\pi,\Sigma,\boldsymbol{M}(\sigma)_{\sigma\in\Sigma},\eta)$ 如下:

- $\pi=|\varphi_0\rangle\otimes|\varphi_0\rangle^*$;
- $\Sigma=\{(y\mid x):y\in O,x\in\boldsymbol{I}\}$;
- $\boldsymbol{M}((y\mid x))=\boldsymbol{A}(y\mid x)\otimes\boldsymbol{A}(y\mid x)^*$;
- $\eta=\sum_{j=1}^{n}(\langle h_j|\otimes\langle h_j|^*)$。

由式(4.39)可知，上面所构造的双线性机$\mathcal{M}'$具有实值函数$f_{\mathcal{M}'}:\Sigma^* \to [0,1]$，且满足$P_{\mathcal{M}}(y_1\cdots y_m \mid x_1\cdots x_m) = f_{\mathcal{M}'}((y_1 \mid x_1)\cdots(y_m \mid x_m))$。因此，一个$n$态的量子时序机可以转化为一个$n^2$维的双线性机，再利用4.1.1节中的定理4.8即可得定理4.12。

4.3 测量一次的单向量子有限自动机的等价性

MO-1QFA是一种最简单的量子自动机模型。事实上，如同概率有限自动机是随机时序机的特殊情形，MO-1QFA可以看作量子时序机的特殊情形，因为当限定量子时序机的输出字母表只有一个字符，并赋予其一定的接受状态时，量子时序机就退化为MO-1QFA。

基于以上观点，MO-1QFA的等价性问题可以采用类似于量子时序机的方法来解决。下面先给出本节的主要结论，可以看到它与量子时序机中的相应结果十分类似。

定理4.16 两个MO-1QFA $\mathcal{A}_1$和$\mathcal{A}_2$是等价的，当且仅当它们是$(n_1^2+n_2^2-1)$-等价的。进一步，存在多项式时间算法以$\mathcal{A}_1$和$\mathcal{A}_2$为输入，可判定$\mathcal{A}_1$和$\mathcal{A}_2$是否等价。

证明 这里采用量子时序机等价性问题的方法二来处理MO-1QFA的等价性问题。

记MO-1QFA $\mathcal{A}=(Q,\Sigma,\{\boldsymbol{U}(\sigma)\}_{\sigma\in\Sigma},|\varphi_0\rangle,Q_{\text{acc}})$，$\boldsymbol{P}_{\text{acc}}$为到$Q_{\text{acc}}$所生成子空间的投影算子，即$\boldsymbol{P}_{\text{acc}}=\sum_{q_i\in Q_{\text{acc}}}|q_i\rangle\langle q_i|$。对任意$x\in\Sigma^*$，有

$$P_{\mathcal{A}}(x) = \|\boldsymbol{P}_{\text{acc}}\boldsymbol{U}(x)\,|\varphi_0\rangle\|^2 \tag{4.40}$$

$$= \sum_{q_i\in Q_{\text{acc}}} |\langle q_i|\boldsymbol{U}(x)|\varphi_0\rangle|^2 \tag{4.41}$$

$$= \sum_{q_i\in Q_{\text{acc}}} (\langle q_i|\otimes\langle q_i|^*)[\boldsymbol{U}(x)\otimes\boldsymbol{U}(x)^*](|\varphi_0\rangle\otimes|\varphi_0\rangle^*), \tag{4.42}$$

其中，符号$*$表示共轭。

因此，可构造双线性机$\mathcal{M}=(\pi,\Sigma,\{\boldsymbol{M}(\sigma)\}_{\sigma\in\Sigma},\eta)$，满足：

- $\pi = |\varphi_0\rangle \otimes |\varphi_0\rangle^*$,
- 对 $\sigma \in \Sigma, \boldsymbol{M}(\sigma) = \boldsymbol{U}(\sigma) \otimes \boldsymbol{U}(\sigma)^*$,
- $\eta = \sum_{q_i \in Q_{\text{acc}}} \langle q_i | \otimes \langle q_i |^*$。

由上面的推导式可知 $f_{\mathcal{M}}(x) = P_{\mathcal{A}}(x)$ 对任意 $x \in \Sigma^*$ 成立。因此,一个 n 态的 MO-1QFA 可以用一个 n^2 维的双线性机来模拟,从而由双线性机等价性的结果可得:两个状态数分别为 n_1 和 n_2 的 MO-1QFA 等价,当且仅当它们是 $(n_1^2 + n_2^2 - 1)$-等价的,并且存在多项式时间的等价性判定算法。 □

备注 4.3 也可以采用量子时序机等价性问题的方法一来处理 MO-1QFA 的等价性问题。此时,MO-1QFA $\mathcal{A}$ 对 $x \in \Sigma^*$ 的接受概率可表示为

$$P_{\mathcal{A}}(x) = \| \boldsymbol{P}_{\text{acc}} \boldsymbol{U}(x) | \varphi_0 \rangle \|^2 \tag{4.43}$$

$$= \langle \varphi_0 | \boldsymbol{U}(x)^\dagger \boldsymbol{P}_{\text{acc}} \boldsymbol{U}(x) | \varphi_0 \rangle \tag{4.44}$$

$$= \langle \varphi_0 | \boldsymbol{D}(x) | \varphi_0 \rangle, \tag{4.45}$$

其中,记 $\boldsymbol{D}(x) = \boldsymbol{U}(x)^\dagger \boldsymbol{P}_{\text{acc}} \boldsymbol{U}(x)$,并规定 $\boldsymbol{D}(\epsilon) = \boldsymbol{P}_{\text{acc}}$。随后的过程与 4.2.1 节中的内容类似。

4.4 带控制语言的单向量子有限自动机的等价性

本节探讨 CL-1QFA 的等价性问题。判定两个 CL-1QFA $\mathcal{A}_1$ 和 $\mathcal{A}_2$ 是否等价,即验证 $f_{\mathcal{A}_1}(w\$) = f_{\mathcal{A}_2}(w\$)$ 是否对任意 $w \in \Sigma^*$ 成立(函数 f 的定义见第 3 章式(3.8))。对于这个问题,可借鉴前面几节中的思想,即先把量子模型转化为双线性机,然后再做等价性判定。但是,可以看到 CL-1QFA 的行为要比 MO-1QFA 和量子时序机的行为复杂得多,因此需要做一些更细致的处理。

下面先给出本节的主要结论。

定理 4.7 两个 CL-1QFA $\mathcal{A}_1$ 和 $\mathcal{A}_2$ 分别具有控制语言 $\mathcal{L}_1$ 和 $\mathcal{L}_2$,它们是等价的当且仅当它们是 $(c_1 n_1^2 + c_2 n_2^2 - 1)$-等价的,其中 n_1 和 n_2 分别是 $\mathcal{A}_1$ 和 $\mathcal{A}_2$ 的状态数,c_1 和 c_2 分别是识别语言 $\mathcal{L}_1$ 和 $\mathcal{L}_2$ 的最小 DFA 的状态数。进一步,如果 $\mathcal{L}_1$ 和 $\mathcal{L}_2$ 以 DFA 的形式给出,其状态数分别为 m_1 和 m_2,则存

在一个时间复杂度为$O((m_1n_1^2+m_2n_2^2)^4)$的算法以$\mathcal{A}_1$和$\mathcal{A}_2$为输入，可判定$\mathcal{A}_1$和$\mathcal{A}_2$是否等价。

为证明上述定理，先给出下面引理，该引理可以把 CL-1QFA 转化为双线性机。

引理 4.2 设$\mathcal{M}$是一个m态的 CL-1QFA，其带符号集为$\Gamma=\Sigma\cup\{\$\}$，控制语言为$\mathcal{L}$，则存在一个$(lm^2)$维的双线性机$\dot{\mathcal{M}}$，其输入字母表为$\Gamma$，使得$f_{\dot{\mathcal{M}}}(x\$)=f_{\mathcal{M}}(x\$)$对任意$x\in\Sigma^*$成立，其中$l$是识别语言$\mathcal{L}$的最小 DFA 的状态数。

证明 假设有 CL-1QFA $\mathcal{M}=(Q,\Sigma,\{\boldsymbol{U}(\sigma)\}_{\sigma\in\Sigma\cup\{\$\}},|\varphi_0\rangle,\mathcal{O},\mathcal{L})$，其状态数为$m$，可观测量$\mathcal{O}$具有特征值集合$\mathcal{C}$及投影算子集合$\{\boldsymbol{P}(c):c\in\mathcal{C}\}$。由于控制语言$\mathcal{L}\subseteq\mathcal{C}^*$是正则的，因此存在一个最小 DFA 识别它。设 DFA $\mathcal{A}=(\pi,\mathcal{C},\{\boldsymbol{M}(c)\}_{c\in\mathcal{C}},\eta)$识别$\mathcal{L}$，且令其状态数为$l$。现在构造双线性机$\dot{\mathcal{M}}=(\dot{\pi},\Gamma,\{\dot{\boldsymbol{M}}(\sigma)\}_{\sigma\in\Gamma},\dot{\eta})$如下：

- $\dot{\pi}=|\varphi_0\rangle\otimes|\varphi_0\rangle^*\otimes\pi$，其中符号$*$表示共轭；
- 对任意的$\sigma\in\Gamma$，$\dot{\boldsymbol{M}}(\sigma)=\left(\sum_{c\in\mathcal{C}}\boldsymbol{P}(c)\otimes\boldsymbol{P}(c)\otimes\boldsymbol{M}(c)\right)(\boldsymbol{U}(\sigma)\otimes\boldsymbol{U}^*(\sigma)\otimes\boldsymbol{I})$；
- $\dot{\eta}=\sum_{k=1}^{m}\boldsymbol{e}_k\otimes\boldsymbol{e}_k\otimes\eta$，其中$\boldsymbol{e}_k$为只在第$k$个元素为1，其他元素为0的$m$维行向量。

记$\$=x_{n+1}$，则有

$$
\begin{aligned}
f_{\dot{\mathcal{M}}}(x_1x_2\cdots x_n\$)&=\dot{\eta}\dot{\boldsymbol{M}}(\$)\dot{\boldsymbol{M}}(x_n)\cdots\dot{\boldsymbol{M}}(x_1)\dot{\pi}\\
&=\left(\sum_{k=1}^{m}\boldsymbol{e}_k\otimes\boldsymbol{e}_k\otimes\eta\right)\prod_{i=1}^{n+1}\\
&\quad\left(\left(\sum_{c\in\mathcal{C}}\boldsymbol{P}(c)\otimes\boldsymbol{P}(c)\otimes\boldsymbol{M}(c)\right)\left(\boldsymbol{U}(x_i)\otimes\boldsymbol{U}^*(x_i)\otimes\boldsymbol{I}\right)\right)\\
&\quad\times(|\varphi_0\rangle\otimes|\varphi_0\rangle^*\otimes\pi)\\
&=\left(\sum_{k=1}^{m}\boldsymbol{e}_k\otimes\boldsymbol{e}_k\otimes\eta\right)\sum_{y=y_1\cdots y_{n+1}\in\mathcal{C}^{n+1}}\left(\prod_{i=1}^{n+1}\boldsymbol{P}(y_i)\boldsymbol{U}(x_i)\right.\\
&\quad\left.\otimes\prod_{i=1}^{n+1}\boldsymbol{P}(y_i)\boldsymbol{U}^*(x_i)\otimes\prod_{i=1}^{n+1}\boldsymbol{M}(y_i)\right)\times\\
&\quad(|\varphi_0\rangle\otimes|\varphi_0\rangle^*\otimes\pi)
\end{aligned}
$$

$$= \sum_{k=1}^{m} \sum_{y=y_1\cdots y_{n+1}\in\mathcal{C}^{n+1}} \left(\prod_{i=1}^{n+1} \boldsymbol{P}(y_i)\boldsymbol{U}(x_i)|\varphi_0\rangle \right)_k \left(\prod_{i=1}^{n+1} \boldsymbol{P}(y_i) \right.$$

$$\left. \boldsymbol{U}^*(x_i)|\varphi_0\rangle^* \right)_k \eta\boldsymbol{M}(y_i)\pi$$

$$= \sum_{y=y_1y_2\cdots y_{n+1}\in\mathcal{C}^{n+1}} \mathcal{X}_{\mathcal{L}}(y) \sum_{k=1}^{m} \left| \left(\prod_{i=1}^{n+1} \boldsymbol{P}(y_i)\boldsymbol{U}(x_i)|\varphi_0\rangle \right)_k \right|^2$$

$$= \sum_{y=y_1y_2\cdots y_{n+1}\in\mathcal{L}} \left\| \prod_{i=1}^{n+1} \boldsymbol{P}(y_i)\boldsymbol{U}(x_i)|\varphi_0\rangle \right\|^2$$

$$= f_{\mathcal{M}}(x_1x_2\cdots x_n\$).$$

上面已经证得$\mathcal{M}$和$\acute{\mathcal{M}}$对任意 $w\in\Sigma^*\$$ 具有相同的行为,同时可看到$\acute{\mathcal{M}}$的维数为 lm^2。 □

备注 4.4 在上面的推导过程中,识别控制语言$\mathcal{L}$的 DFA 没必要是最小的。在实际操作过程中,只有某个识别$\mathcal{L}$的 DFA 被找到,就可以构造出相应的双线性机。但是,最小 DFA 可以保证所得到双线性机尽量得小,从而使得定理4.7中的等价性判定界尽量得小。

基于上面的引理,下面给出定理 4.7 的证明。

定理 4.7 的证明 假设 CL-1QFA $\mathcal{A}_1$ 和$\mathcal{A}_2$ 分别具有控制语言$\mathcal{L}_1$ 和$\mathcal{L}_2$,且具有相同的输入字母表 Σ。同时,假设$\mathcal{L}_1$ 和$\mathcal{L}_2$ 分别被具有状态数 c_1 和 c_2 的最小 DFA 识别。接下来需要验证 $f_{\mathcal{A}_1}(w\$)=f_{\mathcal{A}_2}(w\$)$ 是否对任意 $w\in\Sigma^*$ 成立。该过程可通过如下几步完成:首先把 CL-1QFA 转化为双线性机,然后移除结束标识 \$,最后判定双线性机的等价性。更具体的过程如下:

(1) 由引理 4.20 可知:$\mathcal{A}_1$ 和$\mathcal{A}_2$ 可分别被两个双线性机$\mathcal{A}_1^{(1)}$ 和$\mathcal{A}_2^{(1)}$ 模拟,且它们的输入字母表为$\Sigma\cup\{\$\}$,状态数分别为 $c_1n_1^2$ 和 $c_2n_2^2$,即有 $f_{\mathcal{A}_1}(w\$)=f_{\mathcal{A}_1^{(1)}}(w\$)$ 和 $f_{\mathcal{A}_2}(w\$)=f_{\mathcal{A}_2^{(1)}}(w\$)$ 对任意 $w\in\Sigma^*$ 成立。

(2) 由前面 4.1 节命题 4.3 知:存在两个双线性机$\mathcal{A}_1^{(2)}$ 和$\mathcal{A}_2^{(2)}$ 具有输入字母表Σ,且分别具有状态数 $c_1n_1^2$ 和 $c_2n_2^2$,使得 $f_{\mathcal{A}_1^{(1)}}(w\$)=f_{\mathcal{A}_1^{(2)}}(w)$ 和 $f_{\mathcal{A}_2^{(1)}}(w\$)=f_{\mathcal{A}_2^{(2)}}(w)$。

(3) 由双线性机的等价性知:$f_{\mathcal{A}_1^{(2)}}(w)=f_{\mathcal{A}_2^{(2)}}(w)$ 对任意 $w\in\Sigma^*$ 成立,当且仅当它对满足 $|w|\leqslant c_1n_1^2+c_2n_2^2-1$ 的 w 成立。

因此,$f_{\mathcal{A}_1}(w\$)=f_{\mathcal{A}_2}(w\$)$ 对任意 $w\in\Sigma^*$ 成立,当且仅当它对满足 $|w|\leqslant c_1n_1^2+c_2n_2^2-1$ 的 $w\in\Sigma^*$ 成立。

进一步,若要设计一个算法来模拟上述过程判定$\mathcal{A}_1$和$\mathcal{A}_2$是否等价,则算法所耗时间将随控制语言$\mathcal{L}_1$和$\mathcal{L}_2$的表示形式而变化。分析如下:

(1)$\mathcal{L}_1$和$\mathcal{L}_2$以正则表达式给出。根据文献[11]的结果,上面步骤(1)将耗费指数时间从正则表达式构造出相应的DFA,从而总的时间将含有一个指数因子。

(2)$\mathcal{L}_1$和$\mathcal{L}_2$以DFA给出(不必为最小DFA),不妨设为$\boldsymbol{M}_1$和$\boldsymbol{M}_2$,它们分别具有状态数m_1和m_2。由引理4.2的证明过程可知,前面步骤(1)耗时$O((m_1n_1^2)^3+(m_2n_2^2)^3)$,该时间主要用在矩阵相乘及张量积操作上。上述步骤(2)可在$O((m_1n_1^2)^2+(m_2n_2^2)^2)$时间内完成。据4.1节中定理4.8,步骤(3)可在$O((m_1n_1^2+m_2n_2^2)^4)$时间内完成。因此,总共花费时间为$O((m_1n_1^2+m_2n_2^2)^4)$。

证明完毕。 □

4.5 测量多次的单向量子有限自动机的等价性

2000年,Gruska教授在文献[118]中提出:是否可以判定两个MM-1QFA的等价性?在这之后,日本学者Koshiba[117]曾尝试去解决这个问题,他的方法可分为两步:①对任意MM-1QFA,构造一个与之等价的宽松MO-1QFA(宽松MO-1QFA与MO-1QFA完全类似,只是转移矩阵不要求为酉阵);②判定宽松MO-1QFA的等价性。但是,我们发现文献[117]中步骤①的处理是错误的,即得不到一个与原始MM-1QFA等价的宽松MO-1QFA。关于这点,本书第一作者已在博士论文[1]中给出了反例,这里不再重复。同时,文献[117]的作者在与本书作者的通信中也确认了这点。直到2008年,本书作者在文献[119]中重新考虑了这个问题,给出了两个MM-1QFA等价的充分必要条件,并指出了多项式时间的等价性判定算法,从而比较完整地解决了MM-1QFA的等价性问题。

下面用两种稍微不同的方法来处理MM-1QFA的等价性问题。

4.5.1 方法一

我们的主要思路是:给定一个 MM-1QFA,构造一个 CL-1QFA 来对其进行模拟,然后判定 CL-1QFA 的等价性。该方法来自于作者在文献[119]中的研究工作。主要结论如下:

定理 4.8 两个 MM-1QFA $\mathcal{A}_1$ 和 $\mathcal{A}_2$ 是等价的,当且仅当它们是 $(3n_1^2+3n_2^2-1)$-等价的,其中 n_1 和 n_2 分别为 $\mathcal{A}_1$ 和 $\mathcal{A}_2$ 的状态数。进一步,存在多项式时间算法以 $\mathcal{A}_1$ 和 $\mathcal{A}_2$ 为输入,在时间 $O((3n_1^2+3n_2^2)^4)$ 内判定 $\mathcal{A}_1$ 和 $\mathcal{A}_2$ 是否等价。

为了证明上述定理,需要用到下面的结论。

引理 4.3 对任意 $\sigma\in\Sigma$,$\boldsymbol{U}(\sigma)$ 是酉阵,$\{\boldsymbol{P}(c):c\in\mathcal{C}\}$ 是一个投影测量,则对任意向量 $|\varphi\rangle$ 及任意串 $x=x_1x_2\cdots x_r\in\Sigma^r$,有

$$\sum_{y_1y_2\cdots y_r\in\mathcal{C}^r}\left\|\prod_{i=1}^{r}\boldsymbol{P}(y_i)\boldsymbol{U}(x_i)\,|\varphi\rangle\right\|^2=\||\varphi\rangle\|^2.\tag{4.46}$$

证明 利用酉阵及投影测量的性质,对 x 的长度进行归纳容易证得上面结论。 □

另外,基于文献[64]可得如下引理,该引理说明一个 MM-1QFA 可以用一个 CL-1QFA 来模拟。

引理 4.4 给定一个 MM-1QFA $\mathcal{M}=(Q,\Sigma,\{\boldsymbol{U}(\sigma)\}_{\sigma\in\Sigma\cup\{\$\}},|\varphi_0\rangle,Q_{acc},Q_{rej})$,存在一个 CL-1QFA $\mathcal{M}'=(Q,\Sigma,\{\boldsymbol{U}(\sigma)\}_{\sigma\in\Sigma\cup\{\$\}},|\varphi_0\rangle,\mathcal{O},\mathcal{L})$,使得对任意 $w\in\Sigma^*$ 有 $f_{\mathcal{M}}(w\$)=f_{\mathcal{M}'}(w\$)$。

证明 假设 MM-1QFA $\mathcal{M}$ 如定理 4.8 中所示。由 MM-1QFA 的定义知,$\mathcal{M}$ 有三个投影算子 $\boldsymbol{P}_{\mathrm{acc}}$、$\boldsymbol{P}_{\mathrm{rej}}$ 和 $\boldsymbol{P}_{\mathrm{non}}$,它们分别表示到接受子空间、拒绝子空间和非停止子空间的投影算子,共同组成一个投影测量。那么,$\mathcal{M}$ 可以被看成一个 CL-1QFA $\mathcal{M}'$,其中 $\mathcal{O}$ 具有测量结果集{acc,rej,non}。出于便捷性考虑,简记为 $\{a,r,n\}$。它们对应的投影算子即为 $\mathcal{M}$ 中的三个投影算子,将其简记为 $\boldsymbol{P}(a)$、$\boldsymbol{P}(r)$ 和 $\boldsymbol{P}(n)$。控制语言 $\mathcal{L}$ 由正则表达式给出 $n^*a\{a,r,n\}^*$。

对任意 $x_1x_2\cdots x_m\in\Sigma^*$,有

$$\begin{aligned}&f_{\mathcal{M}'}(x_1x_2\cdots x_m\$)\\=&\sum_{y_1y_2\cdots y_{m+1}\in n^*a\{a,r,n\}^*}\left\|\prod_{i=1}^{m+1}\boldsymbol{P}(y_i)\boldsymbol{U}(x_i)\,|\varphi_0\rangle\right\|\end{aligned}$$

$$= \sum_{k=0}^{m} \sum_{y_{k+2}\cdots y_{m+1}} \left\| \prod_{j=k+2}^{m+1} \boldsymbol{P}(y_j)\boldsymbol{U}(x_j)\boldsymbol{P}(a)\boldsymbol{U}(x_{k+1}) \prod_{i=1}^{k} (\boldsymbol{P}(n)\boldsymbol{U}(x_i)) \mid \varphi_0 \rangle \right\|^2$$

$$= \sum_{k=0}^{m} \left\| \boldsymbol{P}(a)\boldsymbol{U}(x_{k+1}) \prod_{i=1}^{k} (\boldsymbol{P}(n)\boldsymbol{U}(x_i)) \mid \varphi_0 \rangle \right\|^2 \quad \text{（由引理 4.23 可得）}$$

$$= f_{\mathcal{M}}(x_1 x_2 \cdots x_m \$) \quad \text{（由式(3.5) 可得）.}$$

在上面过程中，记 $\$ = x_{m+1}$。注意上面两个机器具有相同的状态数。证明完毕。

□

结合上面的引理4.4以及前面关于CL-1QFA等价性的定理4.7，可以证明定理4.8。

定理4.8的证明　假设MM-1QFA $\mathcal{A}_1$ 和 $\mathcal{A}_2$ 分别具有状态数 n_1 和 n_2，且有相同的输入字母表 Σ。下面判定 $f_{\mathcal{A}_1}(w\$) = f_{\mathcal{A}_2}(w\$)$ 是否对任意 $w \in \Sigma^*$ 成立，该过程由以下几步组成：

(1) 由引理4.4知 $\mathcal{A}_1$ 和 $\mathcal{A}_2$ 可转化为两个CL-1QFA $\mathcal{A}_1^{(1)}$ 和 $\mathcal{A}_2^{(1)}$，它们具有带符号集 $\Gamma = \Sigma \cup \{\$\}$，状态数分别为 n_1 和 n_2，且具有共同的控制语言 $n^* a\{a,r,n\}^*$。

(2) 根据引理4.2知 $\mathcal{A}_1^{(1)}$ 和 $\mathcal{A}_2^{(1)}$ 可转换为两个双线性机 $\mathcal{A}_1^{(2)}$ 和 $\mathcal{A}_2^{(2)}$，它们的输入字母表为 Γ，状态数分别为 $3n_1^2$ 和 $3n_2^2$，其中因子3是识别语言 $n^* a\{a,r,n\}^*$ 的DFA（见图4-1）的状态数。

(3) 根据命题4.1可由 $\mathcal{A}_1^{(2)}$ 和 $\mathcal{A}_2^{(2)}$ 构造 $\mathcal{A}_1^{(3)}$ 和 $\mathcal{A}_2^{(3)}$，它们的输入字母表为 Σ，使得 $f_{\mathcal{A}_1}(w\$) = f_{\mathcal{A}_1^{(3)}}(w)$ 以及 $f_{\mathcal{A}_2}(w\$) = f_{\mathcal{A}_2^{(3)}}(w)$ 对任意 $w \in \Sigma^*$ 成立。因此，判定 $f_{\mathcal{A}_1}(w\$) = f_{\mathcal{A}_2}(w\$)$ 是否对任意 $w \in \Sigma^*$ 成立等价于判定 $\mathcal{A}_1^{(3)}$ 和 $\mathcal{A}_2^{(3)}$ 是否等价。

(4) 由双线性机的等价性——定理4.3知，$\mathcal{A}_1^{(3)}$ 和 $\mathcal{A}_2^{(3)}$ 等价当且仅当它们是 $(3n_1^2 + 3n_2^2 - 1)$-等价的。

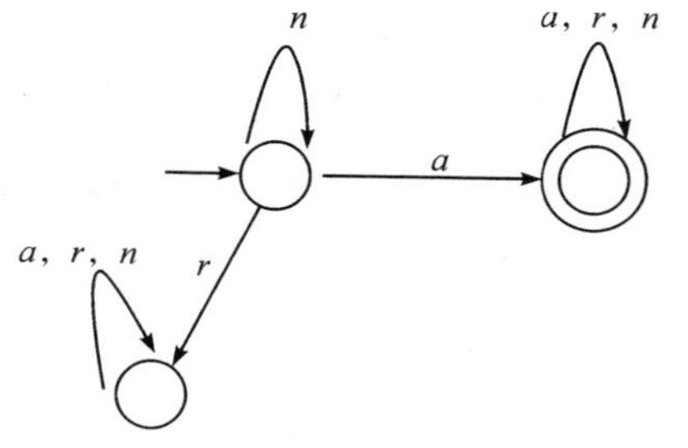

图4-1　识别正则语言 $n^* a\{a,r,n\}^*$ 的DFA

因此，$f_{\mathcal{A}_1}(w\$)=f_{\mathcal{A}_2}(w\$)$ 对任意 $w\in\Sigma^*$ 成立，当且仅当它对任意满足 $|w|\leqslant 3n_1^2+3n_2^2-1$ 的 $w\in\Sigma^*$ 成立。进一步，容易看到上述步骤(1)可在常量时间内完成，其他各步可在时间 $O((3n_1^2+3n_2^2)^4)$ 内完成。所以，存在一个多项式时间算法模拟上述几步判定两个 MM-1QFA 是否等价。到此证明完毕。

4.5.2 方法二

从前面几节内容可看到，在处理量子时序机、MO-1QFA，以及 CL-1QFA 的等价性问题时其主要思路类似，都是把量子模型双线性化，然后判定双线机的等价性。但是在处理 MM-1QFA 的等价性问题时，却没有直接将它双线性化，而是采用一个迂回的方法：先把 MM-1QFA 转化为 CL-1QFA，再做等价性判定。因此，这就有一个问题：MM-1QFA 是否可以双线性化？当然，根据前面的转化关系，以 CL-1QFA 作为中间过渡模型，从原则上来说上面问题的答案是肯定的，但是构造过程可能会显得烦琐。因此，在下面的内容中我们将直接由 MM-1QFA 构造一个与之等价的双线性机，在这过程中能更清楚地看到 MM-1QFA 与双线性机之间的对应关系。

引理 4.5 给定 MM-1QFA $\mathcal{M}=(Q,\Sigma,\{\boldsymbol{U}(\sigma)\}_{\sigma\in\Sigma\cup\{\$\}},q_1,Q_{acc},Q_{rej})$，令 $|Q_{non}|=k_1$ 及 $|Q_{acc}|=k_2$，记 $\Gamma=\Sigma\cup\{\$\}$，则存在一个 $k_1^2+k_2$ 维的双线性机 $\mathcal{A}=(\pi_0,\Gamma,\{\mathbf{A}(\sigma)\}_{\sigma\in\Gamma},\eta)$ 使得 $f_{\mathcal{M}}(w\$)=f_{\mathcal{A}}(w\$)$ 对任意 $w\in\Sigma^*$ 成立。

证明 给定 MM-1QFA，假设其状态集合 Q 标号如下：

—$q_i\in Q_{non}$，$1\leqslant i\leqslant k_1$，

—$q_i\in Q_{acc}$，$k_1<i\leqslant k_1+k_2$，

—$q_i\in Q_{rej}$，$k_1+k_2<i\leqslant n$，$n=|Q|$。

首先，一个合理的规定是：MM-1QFA 的初始态应该取自于 Q_{non} 而非 Q_{acc} 或者 Q_{rej}。因此，不妨令 q_1 为$\mathcal{M}$的初始态，它可用一个 n 维的列向量$|q_1\rangle$表示，只在第一个元素为 1，其余为 0。对任意 $\sigma\in\Sigma\cup\{\$\}$，$\boldsymbol{U}(\sigma)$可以划分为以下分块矩阵：

$$\boldsymbol{U}(\sigma)=\left(\begin{array}{c:c:c}\boldsymbol{U}_{\sigma,n-n} & \boldsymbol{U}_{\sigma,a-n} & \boldsymbol{U}_{\sigma,r-n}\\ \hdashline \boldsymbol{U}_{\sigma,n-a} & \boldsymbol{U}_{\sigma,a-a} & \boldsymbol{U}_{\sigma,r-a}\\ \hdashline \boldsymbol{U}_{\sigma,n-r} & \boldsymbol{U}_{\sigma,a-r} & \boldsymbol{U}_{\sigma,r-r}\end{array}\right) \tag{4.47}$$

其中，$\boldsymbol{U}_{\sigma,u-v}$表示$\boldsymbol{U}(\sigma)$中由$Q_u$中状态转移到$Q_v$中状态的那部分元素，并且$\boldsymbol{u},\boldsymbol{v}\in\{n: \text{non}, a: \text{acc}, r: \text{rej}\}$。例如，$\boldsymbol{U}_{\sigma,n-a}$表示$\boldsymbol{U}(\sigma)$中由$Q_{\text{non}}$中的状态转移到$Q_{\text{acc}}$中的状态的那部分转移矩阵元素。现在构造双线性机$\mathcal{A}$如下：

- 对任意$\sigma\in\Gamma$，定义

$$\boldsymbol{A}(\sigma)=\left(\begin{array}{c:c}\boldsymbol{U}_{\sigma,n-n}\otimes\boldsymbol{U}^*_{\sigma,n-n} & \boldsymbol{O}_{k_1^2\times k_2}\\ \hdashline \boldsymbol{U}_{\sigma,n-a}(1)\otimes\boldsymbol{U}^*_{\sigma,n-a}(1) & \\ \vdots & \boldsymbol{I}_{k_2\times k_2}\\ \boldsymbol{U}_{\sigma,n-a}(k_2)\otimes\boldsymbol{U}^*_{\sigma,n-a}(k_2) & \end{array}\right) \tag{4.48}$$

其中，$\boldsymbol{U}_{\sigma,n-a}(i)$表示$\boldsymbol{U}_{\sigma,n-a}$的第$i$行，$\boldsymbol{U}^*_{\sigma,n-a}(i)$表示该行的共轭，$\boldsymbol{O}_{k_1^2\times k_2}$表示$k_1^2\times k_2$的零矩阵，$\boldsymbol{I}_{k_2\times k_2}$为$k_2\times k_2$的单位阵。从而，$\boldsymbol{A}(\sigma)$是一个$(k_1^2+k_2)\times(k_1^2+k_2)$的矩阵。

- $\pi_0=((\varphi_0\otimes\varphi_0^*)^{\mathrm{T}},0,\cdots,0)^{\mathrm{T}}$是一个$(k_1^2+k_2)$维的列向量，其中$\varphi_0$由$|q_1\rangle$中前$k_1$个元素构成，即$|q_1\rangle$到$Q_{non}$的投影部分，$\psi_0^*$表示$\psi_0$的共轭。

- $\eta=(\underbrace{0,\cdots,0}_{k_1^2},\underbrace{1,\cdots,1}_{k_2})$是一个行向量。

下面给出上述过程的一个例子。

例 4.26 令 MM-1QFA 如下：

$$\mathcal{M}=(Q,\Sigma,\{\boldsymbol{U}_\sigma\}_{\sigma\in\sum\cup\{\$\}},q_1,Q_{\text{acc}},Q_{\text{rej}}),$$

其中，$Q=\{q_1,q_2,q_3,q_4,q_5\}$，$Q_{\text{non}}=\{q_1,q_2\}$，$Q_{\text{acc}}=\{q_3,q_4\}$，$Q_{\text{rej}}=\{q_5\}$，$q_1$是初始态，$\Sigma=\{a\}$，$\boldsymbol{U}_a$和$\boldsymbol{U}_\$$如下：

$$\boldsymbol{U}_a=\begin{pmatrix}\frac{1}{2} & \frac{1}{2} & 0 & \frac{1}{\sqrt{2}} & 0\\ \frac{1}{2} & -\frac{1}{2} & -\frac{1}{\sqrt{2}} & 0 & 0\\ \frac{1}{2} & -\frac{1}{2} & \frac{1}{\sqrt{2}} & 0 & 0\\ \frac{1}{2} & \frac{1}{2} & 0 & -\frac{1}{\sqrt{2}} & 0\\ 0 & 0 & 0 & 0 & 1\end{pmatrix},\boldsymbol{U}_\$=\begin{pmatrix}0&0&1&0&0\\0&0&0&1&0\\1&0&0&0&0\\0&1&0&0&0\\0&0&0&0&1\end{pmatrix}.$$

每个状态$q_i\in Q$可以用一个 5 维的只在第i元素为 1，其他元素为 0 的列向量$|q_i\rangle$表示，例如$|q_1\rangle=(1,0,0,0,0)^{\mathrm{T}}$。双线性机$\mathcal{A}=\{\pi_0,\Gamma,\{\boldsymbol{A}(\sigma)\}_{\sigma\in\Gamma},\eta)$构造如下：

- $\pi_0=((1,0)\otimes(1,0)^*,0,0)^\top$，其中$(1,0)$由$|q_1\rangle$中的前两个元素构成；
- $\eta=(0,0,0,0,1,1)$；
- $\boldsymbol{A}(a)$和$\boldsymbol{A}(\$)$根据上面说的方法可一一构造出来，这里以$\boldsymbol{A}(a)$为例进行说明，它是一个如下的 6×6 矩阵：

$$\begin{pmatrix} \begin{pmatrix} \frac{1}{2} & \frac{1}{2} \\ \frac{1}{2} & -\frac{1}{2} \end{pmatrix} \otimes \begin{pmatrix} \frac{1}{2} & \frac{1}{2} \\ \frac{1}{2} & -\frac{1}{2} \end{pmatrix}^*, & \begin{pmatrix} 0 & 0 \\ 0 & 0 \\ 0 & 0 \\ 0 & 0 \end{pmatrix} \\ \begin{pmatrix} \left(\frac{1}{2},-\frac{1}{2}\right)\otimes\left(\frac{1}{2},-\frac{1}{2}\right) \\ \left(\frac{1}{2},\frac{1}{2}\right)\otimes\left(\frac{1}{2},\frac{1}{2}\right) \end{pmatrix}, & \begin{pmatrix} 1 & 0 \\ 0 & 1 \end{pmatrix} \end{pmatrix}.$$

从而容易看到

$$\pi_a=\boldsymbol{A}(a)\pi_0=((\psi\otimes\psi^*)^\top,p_3,p_4)^\top \tag{4.49}$$

其中，$\psi=\begin{pmatrix} \frac{1}{2} & \frac{1}{2} \\ \frac{1}{2} & -\frac{1}{2} \end{pmatrix}(1,0)^\top=\left(\frac{1}{2},\frac{1}{2}\right)^\top$，$\psi^*$ 表示它的共轭，$p_3=\left|\left(\frac{1}{2},-\frac{1}{2}\right)\cdot(1,0)^\top\right|^2+0=\frac{1}{4}$，$p_4=\left|\left(\frac{1}{2},\frac{1}{2}\right)\cdot(1,0)^\top\right|^2+0=\frac{1}{4}$。 □

若给上面例子中的 MM-1QFA 输入同样的字符 a，则不难看出式(4.49)中的 ψ 正好等于$\mathcal{M}$在输入 a 之后的状态的非停止部分(没有单位化)，并且 p_3、p_4 分别等于$\mathcal{M}$在输入 a 之后进入状态 q_3 和 q_4 的概率。事实上，这种等式关系不是偶然的，它们有以下一般关系式：令 π_w 为$\mathcal{A}$在输入 $\boldsymbol{w}=w$ 之后的向量，其中 $w\in\Sigma^*$，则有

$$\pi_w=((\underbrace{\psi_w\otimes\psi_w^*}_{k_1^2})^\top\mid\underbrace{P_{\text{acc}}^{q_{k_1+1}}(\boldsymbol{w}),\cdots,P_{\text{acc}}^{q_{k_1+k_2}}(\boldsymbol{w})}_{k_2})^\top. \tag{4.50}$$

式中：

- ψ_w 是一个 k_1 维的列向量，表示$\mathcal{M}$在输入 $\boldsymbol{w}$ 之后的状态的非停止部分，ψ_w^* 表示它的共轭。注意有：

$$\psi_\sigma=\boldsymbol{U}_{\sigma,n-n}\psi_0 \text{ 和 } \psi_{w\sigma}=\boldsymbol{U}_{\sigma,n-n}\psi_w. \tag{4.51}$$

- $\boldsymbol{P}_{\text{acc}}^{q_{k_1+i}}(\boldsymbol{w})$ 对 $1\leqslant i\leqslant k_2$ 表示$\mathcal{M}$在输入 $\boldsymbol{w}$ 之后进入接受态 q_{k_1+i} 的概率。

注意，有

$$P_{\mathrm{acc}}^{q_{k_{1+i}}}(\sigma)=\left|U_{\sigma,n-a}(i)\psi_0\right|^2,\tag{4.52}$$

$$P_{\mathrm{acc}}^{q_{k_1+i}}(w\sigma)=P_{\mathrm{acc}}^{q_{k_1+i}}(w)+\left|U_{\sigma,n-a}(i)\psi_w\right|^2.\tag{4.53}$$

下面可通过对 $\boldsymbol{w}$ 的长度进行归纳证明式(4.50)。

(1) 当 $|\boldsymbol{w}|=0$ 时，即输入为空，显然初始状态 π_0 满足要求。

(2) 现在假设式(4.50)对 $|\boldsymbol{w}'|<k$ 成立，取 $|\boldsymbol{w}|=k$，且 $\boldsymbol{w}=\boldsymbol{w}'\sigma$，则有

$$\begin{aligned}\pi_w&=\boldsymbol{A}(\sigma)\pi_{w'}=\boldsymbol{A}(\sigma)((\psi_{w'}\otimes\psi_{w'}^*)^{\mathrm{T}}\mid P_{\mathrm{acc}}^{q_{k_1+1}}(\boldsymbol{w}'),\cdots,P_{\mathrm{acc}}^{q_{k_1+k_2}}(\boldsymbol{w}'))^{\mathrm{T}}\\&=\Big(U_{\sigma,n-n}\psi_{w'}\otimes U_{\sigma,n-n}^*\psi_{w'}^*\mid P_{\mathrm{acc}}^{q_{k_1+1}}(\boldsymbol{w}')+\left|U_{\sigma,n-a}(i)\psi_{w'}\right|^2,\cdots,\\&\qquad P_{\mathrm{acc}}^{q_{k_1+k_2}}(\boldsymbol{w}')+\left|U_{\sigma,n-a}(k_2)\psi_{w'}\right|^2\Big)^{\mathrm{T}}\\&=((\underbrace{\psi_w\otimes\psi_w^*}_{k_1^2})^{\mathrm{T}}\mid\underbrace{P_{\mathrm{acc}}^{q_{k_1+1}}(\boldsymbol{w}),\cdots,P_{\mathrm{acc}}^{q_{k_1+k_2}}(\boldsymbol{w})}_{k_2})^{\mathrm{T}}.\end{aligned}$$

从上面过程可看到，当 $\boldsymbol{w}=w\$$ 时，向量 π_w 仍然具有式(4.50)的形式。因此有

$$\begin{aligned}f_{\mathcal{A}}(w\$)&=\eta\boldsymbol{A}(\$)\boldsymbol{A}(w_m)\cdots\boldsymbol{A}(w_1)\pi_0\\&=\eta\pi_{w\$}\\&=\Big(\underbrace{0,\cdots,0}_{k_1^2},\underbrace{1,\cdots,1}_{k_2}\Big)((\underbrace{\psi_{w\$}\otimes\psi_{w\$}^*}_{k_1^2})^{\mathrm{T}}\mid\underbrace{P_{\mathrm{acc}}^{q_{k_1+1}}(w\$),\cdots,P_{\mathrm{acc}}^{q_{k_1+k_2}}(w\$)}_{k_2}\Big)^{\mathrm{T}}\\&=\sum_{i=1}^{k_2}P_{\mathrm{acc}}^{q_{k_1+i}}(w\$)=f_{\mathcal{M}}(w\$).\end{aligned}$$

从而证得引理 4.5。 □

备注 4.5　上面引理的思想源于文献[133]，不过文献[133]并不是讨论 MM-1QFA 的等价性，而是讨论 MM-1QFA 的语言接受能力。结合上面引理以及双线性机的等价性结果，可以得到 MM-1QFA 的等价性条件。这一方法与前面介绍的方法有所不同。

在上面引理中可以看到，若 MM-1QFA 的状态数为 n，则所得双线性机的维数小于 n^2。因此，作为上面引理的一个推论，我们可以得到关于 MM-1QFA 等价性判定的一个改进的结果。

定理 4.9　两个状态数分别为 n_1 和 n_2 的 MM-1QFA 等价，当且仅当它们是 $(n_1^2+n_2^2-1)$-等价的。

备注 4.6　后面第 5 章会介绍一个 MM-1gQFA 模型，它是比 MM-

1QFA 更一般的模型，即把 MM-1QFA 中的酉变换 $\boldsymbol{U}(\sigma)$ 换成的一个保迹量子运算 $\mathcal{E}_\sigma$。后面也会讨论 MM-1gQFA 的等价性问题，得到的结论与上面的类似，但是所用方法与这里的不同。

4.6 多字符量子有限自动机的等价性

多字符量子有限自动机在文献[143]中提出，之后 Qiu 和 Yu[120] 考虑了其识别语言的层次问题，考虑了它的等价性问题。由于该模型与前面介绍的其他模型有较大不同，其等价性问题的解决需要更多的技巧，所以在文献[120]中只考虑了输入字母表 Σ 只有一个元素的情形。之后，文献[121] 进一步考虑了一般情形时它的等价性问题，给出了两个多字符量子有限自动机等价的充分必要条件。

下面首先回顾第 3 章介绍的关于多字符量子有限自动机的一些概念。给定 k- 字符 QFA $\mathcal{A}=(Q,\Sigma,|\psi_0\rangle,Q_{\text{acc}},\mu)$，对 $x=\sigma_1\sigma_2\cdots\sigma_m\in\Sigma^*$ 定义一个酉阵 $\overline{\mu}$ 如下：

$$\overline{\mu}(x)=\begin{cases}\mu(\Lambda^{k-m}\sigma_1\sigma_2\cdots\sigma_m)\cdots\mu(\Lambda^{k-2}\sigma_1\sigma_2)\mu(\Lambda^{k-1}\sigma_1), & \text{if } m<k,\\ \mu(\sigma_{m-k+1}\sigma_{m-k+2}\cdots\sigma_m)\cdots\mu(\Lambda^{k-2}\sigma_1\sigma_2)\mu(\Lambda^{k-1}\sigma_1), & \text{if } m\geqslant k,\end{cases}\tag{4.54}$$

从而 $\mathcal{A}$ 对输入 $x=\sigma_1\sigma_2\cdots\sigma_m\in\Sigma^*$ 的接受概率为

$$P_{\mathcal{A}}(x)=\|\boldsymbol{P}_{\text{acc}}\overline{\mu}(x)|\varphi_0\rangle\|^2,\tag{4.55}$$

其中，$\boldsymbol{P}_{\text{acc}}$ 为到 Q_{acc} 所生成子空间的投影算子。

两个具有相同输入字母表 Σ 的多字符量子自动机 $\mathcal{A}_1$ 和 $\mathcal{A}_2$ 等价，是指 $P_{\mathcal{A}_1}(x)=P_{\mathcal{A}_2}(x)$ 对任意 $x\in\Sigma^*$ 成立。称 $\mathcal{A}_1$ 和 $\mathcal{A}_2$ 为 k- 等价的，是指前面的等式对满足 $|x|\leqslant k$ 的 $x\in\Sigma^*$ 成立。

下面介绍一个简单命题。

引理 4.6 给定一个 k- 字符 QFA $\mathcal{A}=(Q,\Sigma,|\psi_0\rangle,Q_{\text{acc}},\mu)$，对任意的大于 k 的正整数 k'，总可以找到一个 k'- 字符 QFA $\mathcal{A}'=(Q,\Sigma,|\psi_0\rangle,Q_{\text{acc}},\mu')$ 与 $\mathcal{A}$ 等价，其中 $\mathcal{A}'$ 中除了转移函数 μ' 之外其他元素均与 $\mathcal{A}$ 中一致。

证明　对任意$\sigma_1\sigma_2\cdots\sigma_{k'}\in\{\Lambda\}^i\Sigma^j$，其中$i+j=k'$，只要取$\mu'(\sigma_1\sigma_2\cdots\sigma_{k'})=\mu(\sigma_{k'-k+1}\cdots\sigma_{k'})$即可，也就是说$\mu'(\sigma_1\sigma_2\cdots\sigma_{k'})$只取决于最后$k$个字符。□

有了上述命题，下面讨论k_1-字符 QFA $\mathcal{A}_1$ 和k_2-字符 QFA $\mathcal{A}_2$ 的等价性时，可以把它们统一为k-字符 QFA，其中$k=\max\{k_1,k_2\}$。这个过程可以简化后面证明中的一些技术处理。

接下来讨论多字符量子有限自动机的等价性问题。首先讨论输入字母表只有一个字符的情形，这种简单的情形对理解整个思路是有帮助的。然后讨论一般情形，从而使问题得以圆满解决。

4.6.1　输入字母表只含一个字符

下面要介绍的内容主要来自于文献[120]，但对原文的证明方法和结果做了一定改进。首先给出下面的引理。

引理 4.7　给定复数域上的n维列向量π和n阶矩阵$\mathbf{A}$，记$\mathbf{A}(l)=\underbrace{\mathbf{A}\mathbf{A}\cdots\mathbf{A}}_{l}$，即表示$l$个$\mathbf{A}$相乘，定义线性空间$\mathcal{S}(k)=\mathrm{span}\{\mathbf{A}(l)\pi：l\leqslant k\}$，其中$k=0,1,2,\cdots$，则存在$i_0\leqslant n-1$使得

$$\mathcal{S}(i_0)=\mathcal{S}(i_0+j) \tag{4.56}$$

对任意正整数j成立。

证明　首先由$\mathcal{S}(k)$的定义知有下面式成立：

$$1\leqslant\dim\mathcal{S}(0)\leqslant\dim\mathcal{S}(1)\leqslant\cdots\leqslant\dim\mathcal{S}(i)\leqslant\dim\mathcal{S}(i+1)\leqslant\cdots\leqslant n. \tag{4.57}$$

上述式表明必然存在一个$i_0\leqslant n-1$，使得$\mathcal{S}(i_0)=\mathcal{S}(i_0+1)$。下面证明$\mathcal{S}(i_0)=\mathcal{S}(i_0+2)$成立，如下：

$$\begin{aligned}
\psi\in\mathcal{S}(i_0+2)&\Rightarrow\psi=\sum_k a_k\mathbf{A}(l_k)\pi &&(l_k\leqslant i_0+2)\\
&\Rightarrow\psi=\sum_k a_k\mathbf{A}\mathbf{A}(l'_k)\pi &&(l'_k\leqslant i_0+1)\\
&(\text{因为}\mathcal{S}(i_0)=\mathcal{S}(i_0+1))\\
&\Rightarrow\psi=\sum_k a_k\mathbf{A}\Big(\sum_j b_j\mathbf{A}(l'_{kj})\pi\Big) &&(l'_{kj}\leqslant i_0)\\
&\Rightarrow\psi=\sum_k\sum_j a_kb_j\mathbf{A}(l''_{kj})\pi &&(l''_{kj}\leqslant i_0+1)\\
&\Rightarrow\psi\in\mathcal{S}(i_0+1)=\mathcal{S}(i_0).
\end{aligned}$$

所以上面证得$\mathcal{S}(i_0)=\mathcal{S}(i_0+2)$。类似地，可证明$\mathcal{S}(i_0)=\mathcal{S}(i_0+j)$对任意正整数 $j\geqslant 3$ 成立。 □

下面给出输入字母表只有一个字符时两个多字符量子有限自动机等价的充分必要条件。

定理 4.10 输入字母表 $\Sigma=\{\sigma\}$上的 k_1-字符 QFA $\mathcal{A}_1$ 和 k_2-字符 QFA $\mathcal{A}_2$ 是等价的，当且仅当它们是$((n_1+n_2)^2+k-1)$-等价的，其中 n_1 和 n_2 分别是$\mathcal{A}_1$ 和$\mathcal{A}_2$ 的状态数，$k=\max(k_1,k_2)$。

证明 必要性是显然的，证充分性。首先由前面的引理 4.30，不妨假设定理中的$\mathcal{A}_1$ 和$\mathcal{A}_2$ 都是 k-字符 QFA。设$\mathcal{A}_i=(Q_i,\ \Sigma,\ |\ \psi_0^{(i)}\rangle,Q_{\text{acc}}^{(i)},\mu_i)$ $(i=1,2)$，并假设 $Q_1\cap Q_2=\varnothing$。令 $\boldsymbol{P}_{\text{acc}}^{(i)}$ 为到 $Q_{\text{acc}}^{(i)}$ 所生成子空间的投影算子 $(i=1,2)$。构造元组$\mathcal{A}=(Q,\Sigma,Q_{acc},\mu)$ 如下：

- $Q=Q_1\cup Q_2$；
- $Q_{\text{acc}}=Q_{\text{acc}}^{(1)}\cup Q_{acc}^{(2)}$，对应的投影算子为 $\boldsymbol{P}_{\text{acc}}=\boldsymbol{P}_{\text{acc}}^{(1)}\oplus\boldsymbol{P}_{\text{acc}}^{(2)}$；
- μ 为一函数，它给每个串 $w\in(\{\Lambda\}\cup\Sigma)^k$ 赋值一个(n_1+n_2)阶酉矩阵 $\boldsymbol{U}_w$，满足 $\mu(w)=\mu_1(w)\oplus\mu_2(w)$。

按照式(4.54)的定义，有 $\overline{\mu}(x)=\overline{\mu}(x)\oplus\overline{\mu}(x)$ 对任意 $x\in\Sigma^*$ 成立。以上构造的$\mathcal{A}$是$\mathcal{A}_1$ 和$\mathcal{A}_2$ 的直和，是一个不带初始态的 k- 字符 QFA。记$|\eta_1\rangle=|\psi_0^{(1)}\rangle\oplus O_1$ 和 $|\eta_2\rangle=O_2\oplus|\psi_0^{(2)}\rangle$，其中 O_1 和 O_2 分别表示 n_2 维和 n_1 维的元素全为 0 的列向量。对任意 $x\in\Sigma^*$，记

$$P_{\eta_1}(x)=\|\boldsymbol{P}_{\text{acc}}\overline{\mu}(x)\ |\ \eta_1\rangle\|^2 \tag{4.58}$$

和

$$P_{\eta_2}(x)=\|\boldsymbol{P}_{\text{acc}}\overline{\mu}(x)\ |\ \eta_2\rangle\|^2. \tag{4.59}$$

容易验证

$$P_{\eta_1}(x)=P_{\mathcal{A}_1}(x), \tag{4.60}$$

$$P_{\eta_2}(x)=P_{\mathcal{A}_2}(x). \tag{4.61}$$

因此，$\mathcal{A}_1$ 和$\mathcal{A}_2$ 等价当且仅当

$$P_{\eta_1}(x)=P_{\eta_2}(x) \tag{4.62}$$

对任意 $x\in\Sigma^*$ 成立。

另外，有

$$\begin{aligned}P_{\eta_1}(x)&=\|\boldsymbol{P}_{\text{acc}}\overline{\mu}(x)\ |\ \eta_1\rangle\|^2\\&=\sum_{p_j\in Q_{acc}}|\langle p_j\ |\ \overline{\mu}(x)\ |\ \eta_1\rangle|^2\end{aligned}$$

$$= \sum_{p_j \in Q_{acc}} (\langle p_j | \otimes \langle p_j |^*)(\overline{\mu}(x) \otimes \overline{\mu}(x)^*)(| \eta_1 \rangle \otimes | \eta_1 \rangle^*). \tag{4.63}$$

类似地，有

$$P_{\eta_2}(x) = \sum_{p_j \in Q_{acc}} (\langle p_j | \otimes \langle p_j |^*)(\overline{\mu}(x) \otimes \overline{\mu}(x)^*)(| \eta_2 \rangle \otimes | \eta_2 \rangle^*) \tag{4.64}$$

因此，式(4.62)成立，当且仅当

$$\sum_{p_j \in Q_{acc}} (\langle p_j | \otimes \langle p_j |^*)(\overline{\mu}(x) \otimes \overline{\mu}(x)^*)(| \eta_1 \rangle \otimes | \eta_1 \rangle^*) = \sum_{p_j \in Q_{acc}} (\langle p_j | \otimes \langle p_j |^*)(\overline{\mu}(x) \otimes \overline{\mu}(x)^*)(| \eta_2 \rangle \otimes | \eta_2 \rangle^*) \tag{4.65}$$

对任意 $x \in \Sigma^*$ 成立，即

$$\sum_{p_j \in Q_{acc}} (\langle p_j | \otimes \langle P_j |^*)\overline{\boldsymbol{v}}(x) | \eta \rangle = 0, \tag{4.66}$$

其中，记

$$| \eta \rangle = | \eta_1 \rangle \otimes | \eta_1 \rangle^* - | \eta_2 \rangle \otimes | \eta_2 \rangle^*, \tag{4.67}$$

$$\overline{\boldsymbol{v}}(x) = \overline{\mu}(x) \otimes \overline{\mu}(x)^*. \tag{4.68}$$

显然 $| \eta \rangle$ 是一个 $(n_1 + n_2)^2$ 维的列向量，$\overline{\boldsymbol{v}}(x)$ 是一个 $(n_1 + n_2)^2$ 阶矩阵。对 $i = 0,1,2,\cdots$，记

$$\mathcal{S}(i) = \mathrm{span}\{\overline{\boldsymbol{v}}(x) | \eta \rangle : k \leqslant |x| \leqslant k + i, x \in \Sigma^*\} \tag{4.69}$$

注意，现在讨论的是 Σ 只含一个元素，即 $\Sigma = \{\sigma\}$。因此有

$$\overline{\boldsymbol{v}}(\sigma^{k+i}) = \underbrace{\mathbf{A} \cdots \mathbf{A}}_{i} \overline{\boldsymbol{v}}(\sigma^k), \tag{4.70}$$

其中，$\mathbf{A} = \mu(\sigma^k) \otimes \mu(\sigma^k)^*$。所以 $\mathcal{S}(i)$ 可以等价地表示为

$$\mathcal{S}(i) = \mathrm{span}\{\mathbf{A}^l \pi : l \leqslant i\}, \tag{4.71}$$

其中，$\pi = \overline{\boldsymbol{v}}(\sigma^k) | \eta \rangle$。

由前面引理 4.7 知，存在 $i_0 \leqslant (n_1 + n_2)^2 - 1$，使 $\mathcal{S}(i_0) = \mathcal{S}(i_0 + j)$ 对任意正整数 j 成立。所以，若式(4.66)对长度小于或等于 $(n_1 + n_2)^2 + k - 1$ 的 x 成立，则其对长度大于 $(n_1 + n_2)^2 + k - 1$ 的 x 也成立。从而证得：若 $\mathcal{A}_1$ 和 $\mathcal{A}_2$ 是 $((n_1 + n_2)^2 + k - 1)$-等价的，则它们是等价的。 □

4.6.2 输入字母表为一般情况

前面已经给出了输入字母表只含一个元素时多字符 QFA 等价的条件，接下来讨论输入字母表为一般情形时多字符 QFA 的等价性问题。值得指出的是，一般情形要比只含一个元素的情形复杂得多。

在给出本章的主要结论之前，先证下面的引理。该引理与前面引理4.7作用类似，都是用来把一个无限的问题归约成有限的问题。不过，下面引理的证明要比引理 4.7 的证明复杂得多。

引理 4.8 令 $\mathcal{A}=(Q,\Sigma,|\psi_0\rangle,Q_{acc},\mu)$ 是一个 k- 字符 QFA，其中 $\Sigma=\{\sigma_i: i=1,2,\cdots,m\}$。对 $j=0,1,2,\cdots$，记

$$\mathbb{F}(j)=\text{span}\{\overline{\mu}(x)|\psi_0\rangle: x\in\Sigma^*,|x|\leqslant j\},$$

则存在一个正整数 $i_0\leqslant(n-1)m^{k-1}+k$，使得对任意整数 $i\geqslant i_0$ 有 $\mathbb{F}(i)=\mathbb{F}(i_0)$，其中 $n=|Q|$。

证明 记

$$\Sigma^{k-1}=\{x: x\in\Sigma^*,|x|=k-1\}. \tag{4.72}$$

对任意 $w\in\Sigma^{(k-1)}$ 和任意 $l\in\{0,1,2,\cdots\}$，记

$$\mathbb{G}(l,w)=\text{span}\{\overline{\mu}(xw)|\psi_0\rangle: x\in\Sigma^*,|x|\leqslant l\}. \tag{4.73}$$

另外，对任意 $l\in\{0,1,2,\cdots\}$，记

$$\mathbb{H}(l)=\bigoplus_{w\in\sum^{(k-1)}}\mathbb{G}(l,w), \tag{4.74}$$

其中，$\bigoplus_{w\in\sum^{(k-1)}}\mathbb{G}(l,w)$ 表示 $\mathbb{G}(l,w)$ 对所有 $w\in\Sigma^{(k-1)}$ 的直和。

容易看到

$$\mathbb{G}(l,w)\subseteq\mathbb{G}(l+1,w),\forall w\in\Sigma^{(k-1)},\forall l\in\{0,1,2,\cdots\}, \tag{4.75}$$

和

$$\mathbb{H}(l)\subseteq\mathbb{H}(l+1),\forall l\in\{0,1,2,\cdots\}. \tag{4.76}$$

由于 $\mathbb{G}(l,w)$ 是 $\mathbb{C}^n$ 的子空间，可得

$$1\leqslant\dim\mathbb{G}(l,w)\leqslant n \tag{4.77}$$

对任意 $w\in\Sigma^{(k-1)}$ 及任意 $l\in\{0,1,2,\cdots\}$ 成立。进一步，根据直和的定义，有

$$m^{k-1}\leqslant\dim\mathbb{H}(l)\leqslant nm^{k-1} \tag{4.78}$$

对任意 $l\in\{0,1,2,\cdots\}$ 成立。因此，由式(4.76) 知，存在 $l_0\leqslant(n-1)m^{k-1}+1$ 使得

$$\mathbb{H}(l_0) = \mathbb{H}(l_0 + 1). \tag{4.79}$$

等价地，即有

$$\mathbb{G}(l_0, w) = \mathbb{G}(l_0 + 1, w), \forall w \in \Sigma^{(k-1)}. \tag{4.80}$$

令 $i_0 = l_0 + (k-1) \leqslant (n-1)m^{k-1} + k$。现在用归纳法证明：对任意 $i \geqslant i_0$，有$\mathbb{F}(i) = \mathbb{F}(i_0)$。

(1) 基础步：当 $i = i_0$ 时，显然有$\mathbb{F}(i) = \mathbb{F}(i_0)$。

(2) 归纳步：假设$\mathbb{F}(j) = \mathbb{F}(i_0)$ 对某个 $j \geqslant i_0$ 成立，现在需要证明$\mathbb{F}(j+1) = \mathbb{F}(i_0)$。对任意给定的 $w \in \Sigma^{(j+1)}$，记 $w = \sigma_1\sigma_2\cdots\sigma_{l_0+1}\sigma_{l_0+2}\cdots\sigma_{i_0}\sigma_{i_0+1}\cdots\sigma_j\sigma_{j+1}$，且令 $w_0 = \sigma_{l_0+2}\cdots\sigma_{i_0}\sigma_{i_0+1}$。显然有 $w_0 \in \Sigma^{(k-1)}$ 以及

$$\begin{aligned} &\overline{\mu}(\sigma_1\sigma_2\cdots\sigma_{l_0+1}\sigma_{l_0+2}\cdots\sigma_{i_0}\sigma_{i_0+1}) \mid \psi_0\rangle \\ &= \overline{\mu}(\sigma_1\sigma_2\cdots\sigma_{l_0+1}w_0) \mid \psi_0\rangle \\ &\in \mathbb{G}(l_0 + 1, w_0). \end{aligned} \tag{4.81}$$

因为$\mathbb{H}(l_0) = \mathbb{H}(l_0 + 1)$，即$\mathbb{G}(l_0, w) = \mathbb{G}(l_0 + 1, w)$ 对任意 $w \in \Sigma^{(k-1)}$ 成立，所以可得$\overline{\mu}(\sigma_1\sigma_2\cdots\sigma_{l_0+1}w_0) \mid \psi_0\rangle \in \mathbb{G}(l_0, w_0)$，从而$\overline{\mu}(\sigma_1\sigma_2\cdots\sigma_{l_0+1}w_0) \mid \psi_0\rangle$ 可以由$\mathbb{G}(l_0, w_0)$ 中的向量线性表示。因此，存在一个有限的下标集 Γ，$x_\gamma \in \{x : x \in \Sigma^*, |x| \leqslant l_0\}$，以及复数 p_γ，使得

$$\overline{\mu}(\sigma_1\sigma_2\cdots\sigma_{l_0+1}w_0) \mid \psi_0\rangle = \sum_{\gamma\in\Gamma} p_\gamma \overline{\mu}(x_\gamma w_0) \mid \psi_0\rangle. \tag{4.82}$$

所以，有

$$\begin{aligned} \overline{\mu}(w) \mid \psi_0\rangle &= \overline{\mu}(\sigma_1\sigma_2\cdots\sigma_{l_0+1}w_0\sigma_{i_0+2}\cdots\sigma_{j+1}) \mid \psi_0\rangle \\ &= \mu(\sigma_{j-k+2}\cdots\sigma_{j+1})\cdots\mu(w_0\sigma_{i_0+2})\overline{\mu}(\sigma_1\sigma_2\cdots\sigma_{l_0+1}w_0) \mid \psi_0\rangle \\ &= \sum_{\gamma\in\Gamma} p_\gamma \mu(\sigma_{j-k+2}\cdots\sigma_{j+1})\cdots\mu(w_0\sigma_{i_0+2})\overline{\mu}(x_\gamma w_0) \mid \psi_0\rangle \\ &= \sum_{\gamma\in\Gamma} p_\gamma \overline{\mu}(x_\gamma\sigma_{l_0+2}\cdots\sigma_{i_0}\sigma_{i_0+1}\cdots\sigma_j\sigma_{j+1}) \mid \psi_0\rangle \\ &\in \mathbb{F}(j). \end{aligned}$$

因此证得$\mathbb{F}(j+1) \subseteq \mathbb{F}(j)$。从而，根据$\mathbb{F}(j)$的定义可得$\mathbb{F}(j+1) = \mathbb{F}(j)$。进一步，由假设有$\mathbb{F}(j+1) = \mathbb{F}(i_0)$。

综上所述，引理 4.8 得证。 □

根据上面引理的证明过程，类似地可以得到下面的引理。

引理 4.9　对 k-字符 QFA $\mathcal{A} = (Q, \Sigma, |\psi_0\rangle, Q_{acc}, \mu)$，令 $n = |Q|$ 和 $\overline{\boldsymbol{v}}(x) = \overline{\mu}(x) \otimes \overline{\mu}(x)^*$，对 $j = 0, 1, 2, \cdots$，记

$$\mathbb{E}(j)=\text{span}\{\overline{\boldsymbol{v}}(x)|\psi_0\rangle|\psi_0\rangle^*,|x|\leqslant j\},$$

则存在一个整数 $i_0\leqslant(n^2-1)m^{k-1}+k$,使得对任意 $i\geqslant i_0$ 有$\mathbb{E}(i)=\mathbb{E}(i_0)$。

有了上面的引理,下面给出本章的主要结论。

定理 4.11 输入字母表 Σ 上的 k_1- 字符 QFA $\mathcal{A}_1$ 和 k_2- 字符 QFA $\mathcal{A}_2$ 是等价的,当且仅当它们是$(n^2m^{k-1}-m^{k-1}+k)$- 等价的,其中 $k=\max(k_1,k_2)$,$m=|\Sigma|$,$n=n_1+n_2$,n_1 和 n_2 分别为$\mathcal{A}_1$ 和$\mathcal{A}_2$ 的状态数。

证明 定理 4.11 的证明过程与定理 4.10 的证明类似,主要区别在于:关键步骤时定理 4.10 的证明用到了引理 4.7,而这里将用到引理 4.9(本质上是引理 4.8)。在下面的证明中,会省略一些细节过程,但为了其清晰性,仍保留一些主要步骤。

必要性是显然的,证充分性。由前面的引理 4.6,不妨假设$\mathcal{A}_1$ 和$\mathcal{A}_2$ 都是 k-字符 QFA,其中 $k=\max(k_1,k_2)$。具体地,设$\mathcal{A}_i=(Q_i,\Sigma,|\psi_0^{(i)}\rangle,Q_{\text{acc}}^{(i)},\mu_i)(i=1,2)$,并假设 $Q_1\cap Q_2=\varnothing$。令 $\boldsymbol{P}_{\text{acc}}^{(i)}$ 为到 $Q_{\text{acc}}^{(i)}$ 所生成子空间的投影算子$(i=1,2)$,记 $\boldsymbol{P}_{\text{acc}}=\boldsymbol{P}_{\text{acc}}^{(1)}\oplus\boldsymbol{P}_{\text{acc}}^{(2)}$ 以及 $Q_{acc}=Q_{\text{acc}}^{(1)}\cup Q_{\text{acc}}^{(2)}$。令 μ 为一函数,它给每个串 $w\in(\{\Lambda\}\cup\Sigma)^k$ 赋值一个(n_1+n_2)阶酉矩阵 $\boldsymbol{U}_w$,满足 $\mu(w)=\mu_1(w)\oplus\mu_2(w)$。对任意 $x\in\Sigma^*$,令 $\overline{\mu}(x)=\overline{\mu}_1(x)\oplus\overline{\mu}_2(x)$。另外,记 $|\eta_1\rangle=|\psi_0^{(1)}\rangle\oplus O_1$ 和 $|\eta_2\rangle=O_2\oplus|\psi_0^{(2)}\rangle$,其中 O_1 和 O_2 分别表示 n_1 维和 n_2 维的元素全为 0 的列向量。对任意 $x\in\Sigma^*$,记

$$P_{\eta_1}(x)=\|\boldsymbol{P}_{\text{acc}}\overline{\mu}(x)|\eta_1\rangle\|^2 \tag{4.83}$$

和

$$P_{\eta_2}(x)=\|\boldsymbol{P}_{\text{acc}}\overline{\mu}(x)|\eta_2\rangle\|^2. \tag{4.84}$$

易知

$$P_{\eta_1}(x)=P_{\mathcal{A}_1}(x),P_{\eta_2}(x)=P_{\mathcal{A}_2}(x). \tag{4.85}$$

从而$\mathcal{A}_1$ 和$\mathcal{A}_2$ 等价当且仅当 $P_{\eta_1}(x)=P_{\eta_2}(x)$ 对任意 $x\in\Sigma^*$ 成立。

另外,可验证

$$P_{\eta_1}(x)=\sum_{p_j\in Q_{\text{acc}}}(\langle p_j|\otimes\langle p_j|^*)(\overline{\mu}(x)\otimes\overline{\mu}(x)^*)(|\eta_1\rangle\otimes|\eta_1\rangle^*), \tag{4.86}$$

$$P_{\eta_2}(x)=\sum_{p_j\in Q_{\text{acc}}}(\langle p_j|\otimes\langle p_j|^*)(\overline{\mu}(x)\otimes\overline{\mu}(x)^*)(|\eta_2\rangle\otimes|\eta_2\rangle^*). \tag{4.87}$$

记

$$|\eta\rangle = |\eta_1\rangle \otimes |\eta_1\rangle^* - |\eta_2\rangle \otimes |\eta_2\rangle^*, \tag{4.88}$$

$$\overline{\boldsymbol{v}}(x) = \overline{\mu}(x) \otimes \overline{\mu}(x)^*. \tag{4.89}$$

显然 $|\eta\rangle$ 是一个 $(n_1+n_2)^2$ 维的列向量，$\overline{\boldsymbol{v}}(x)$ 是一个 $(n_1+n_2)^2$ 阶矩阵。因此，$\mathcal{A}_1$ 和 $\mathcal{A}_2$ 等价与否取决于下面的式是否对所有 $x\in\Sigma^*$ 成立：

$$\sum_{p_j\in Q_{\mathrm{acc}}} (\langle p_j| \otimes \langle p_j|^*)\overline{\boldsymbol{v}}(x)|\eta\rangle = 0. \tag{4.90}$$

记 $\mathbb{E}(j)=\mathrm{span}\{\overline{\boldsymbol{v}}(x)|\eta\rangle, |x|\leqslant j\}(j=0,1,2,\cdots)$，则 $\mathbb{E}(j)$ 是 $\mathbb{C}^{n^2}$ 的子空间。根据引理 4.9 易知：存在一个整数 $i_0\leqslant(n^2-1)m^{k-1}+k$，使得

$$\mathbb{E}(i)=\mathbb{E}(i_0) \tag{4.91}$$

对所有整数 $i\geqslant i_0$ 成立。

上面式表明：对任意满足 $|x|>(n^2-1)m^{k-1}+k$ 的 $x\in\Sigma^*$，$\overline{\boldsymbol{v}}(x)|\eta\rangle$ 可被集合 $\{\overline{\boldsymbol{v}}(y)|\eta\rangle: y\in\Sigma^*, |y|\leqslant(n^2-1)m^{k-1}+k\}$ 中的向量线性表示。因此，只要式(4.90)对所有满足 $|x|\leqslant(n^2-1)m^{k-1}+k$ 的 $x\in\Sigma^*$ 成立，则其对任意 $x\in\Sigma^*$ 成立，从而证得定理 4.11。 □

备注 4.7　①在定理 4.11 中，取 $m=1$，即 Σ 只含一个元素，则得到前面的定理 4.10。另外，当 $k=1$ 时，k-字符 QFA 则变成 MO-1QFA，从而也得到 MO-1QFA 的一个等价性判定条件。②如果直接按定理 4.11 给出的条件来判定多字符 QFA 的等价性，则与前面讨论的其他模型类似，所需时间是关于机器状态数的指数规模。因此，可以进一步构造多项式时间的等价性判定算法，思路与前面其他模型的类似，具体细节可参考文献[121]，此处不再讨论。

4.7　本章小结

本章研究了量子自动机的等价性问题，主要内容包括以下几点：①用两种不同的方法给出了两个 QSM 等价的充分必要条件，并构造了多项式时间的等价性判定算法。另外，从 QSM 的角度，考虑了 MO-1QFA 的等价性问题。②给出了两个 CL-1QFA 等价的充分必要条件，并指出了等价性判定算法。③讨论了 MM-1QFA 的等价性问题，用两种不同的方法给出了两个 MM-1QFA 等价的充分必要条件，并指出存在多项式时间的等价性判定算

法。④讨论了多字符 QFA 的等价性问题,首先考虑了输入字母表只有一个元素的情形,然后得到一般情形下两个多字符 QFA 等价的条件。

以上内容主要来自作者及合作者在文献[18,116,119-121,132]中的研究工作。需要指出的是,本章给出的一些关于量子自动机的等价性问题的充分必要条件与原文献相比有一些改进,这是因为在证明过程中对某些细节做了更精细的处理,但是证明思想和原文献是一致的。另外,采用与本章类似的方法,同样可以解决 1QFAC 的等价性问题,具体细节可参考文献[66]。

5 一般单向量子有限自动机

前面章节讨论的几个 QFA 模型有一个共同的特点：每个输入字符对应一个酉算子。通常来说，酉性会限制 QFA 的计算能力。因此，本章讨论一个被称作一般单向量子有限自动机（1gQFA）的模型。在该模型中，每个输入字符对应一个保迹量子运算，它是比酉算子更一般的操作。根据测量的次数，1gQFA 又可以进一步分为两个子类：测量一次的一般单向量子有限自动机（MO-1gQFA）和测量多次的一般单向量子有限自动机（MM-1gQFA）。

关于这两个模型，主要讨论两个问题：语言识别能力和等价性问题。本章将证明 MO-1gQFA 和 MM-1gQFA 以有界误差方式识别的语言类都正好等于正则语言。另外，也会证明它们的等价性问题是可解的。

在第 2 章中介绍过的两个符号在本章会经常用到：$L(\mathcal{H})$表示线性空间$\mathcal{H}$上的所有线性算子组成的集合，$D(\mathcal{H})$表示$\mathcal{H}$上的所有密度算子组成的集合。另外一个要用到的符号是$\mathcal{H}(Q)$，它表示有限状态集 Q 所生成的线性空间。

5.1 测量一次的一般单向量子有限自动机

MO-1gQFA 具有一个单向的带头，每个输入字符对应一个保迹量子运算。接下来，主要讨论 MO-1gQFA 的语言识别能力和等价性问题，也简单介绍一下它的闭包属性。

首先,给出 MO-1gQFA 的定义。

定义 5.1 一个 MO-1gQFA 是一个五元组

$$\mathcal{M} = (Q, \Sigma, \{\mathcal{E}_\sigma\}_{\sigma \in \Sigma}, \rho_0, Q_{\mathrm{acc}}),$$

式中:

- Q 是有限状态集;
- Σ 是有限输入字母表;
- 对于每个 $\sigma \in \Sigma$,$\mathcal{E}_\sigma$ 是$\mathcal{H}(Q)$ 上的保迹量子运算;
- ρ_0,即$\mathcal{M}$的初始状态,是$\mathcal{H}(Q)$ 上的一个密度算子;
- $Q_{\mathrm{acc}} \subseteq Q$ 是接受状态集。

记 $\boldsymbol{P}_{\mathrm{acc}} = \sum_{q_i \in Q_{\mathrm{acc}}} |q_i\rangle\langle q_i|$,$\boldsymbol{P}_{\mathrm{rej}} = \boldsymbol{I} - \boldsymbol{P}_{\mathrm{acc}}$,则$\{\boldsymbol{P}_{\mathrm{acc}}, \boldsymbol{P}_{\mathrm{rej}}\}$ 是$\mathcal{H}(Q)$ 上的投影测量。对于输入串 $\sigma_1\sigma_2\cdots\sigma_n \in \Sigma^*$,上述机器的运行过程与 MO-1QFA 类似,从初始态 ρ_0 开始,量子运算$\mathcal{E}_{\sigma_1}, \mathcal{E}_{\sigma_2}, \cdots, \mathcal{E}_{\sigma_n}$ 依次作用在当前状态上,最后投影测量$\{\boldsymbol{P}_{\mathrm{acc}}, \boldsymbol{P}_{\mathrm{rej}}\}$ 作用在最终状态上,从而以一定概率获得接受结果。因此,上述 MO-1gQFA $\mathcal{M}$定义一个函数 $f_{\mathcal{M}}: \Sigma^* \to [0,1]$ 如下

$$f_{\mathcal{M}}(\sigma_1\sigma_2\cdots\sigma_n) = \mathrm{tr}(\boldsymbol{P}_{\mathrm{acc}}\,\mathcal{E}_{\sigma_n} \circ \cdots \circ \mathcal{E}_{\sigma_2} \circ \mathcal{E}_{\sigma_1}(\rho_0)), \tag{5.1}$$

其中,$\circ$ 表示量子运算的复合,即$\mathcal{E}_2 \circ \mathcal{E}_1(\rho) = \mathcal{E}_2(\mathcal{E}_1(\rho))$。对于任意 $x \in \Sigma^*$,$f_{\mathcal{M}}$表示$\mathcal{M}$接受 x 的概率。

5.1.1 闭包属性

接下来,给出 MO-1gQFA 的闭包属性。

定理 5.1 MO-1gQFA 对以下操作是封闭的:

(1) 如果 f 是 MO-1gQFA 定义的函数,那么 $1-f$ 也是 MO-1gQFA 定义的函数。

(2) 如果 $f_1, f_2, \cdots, f_k$ 是 MO-1gQFA 定义的函数,那么 $\sum_i^k c_i f_i$ 也是 MO-1gQFA 定义的函数,其中 $c_i > 0$ 是实常数,并且满足 $\sum_i^k c_i = 1$。

(3) 如果 $f_1, f_2, \cdots, f_k$ 是 MO-1gQFA 定义的函数,那么 $\prod_{i=1}^k f_i$ 也是 MO-1gQFA 定义的函数。

证明　(a) 对于(i)，假设 f 由 MO-1gQFA $\mathcal{M}$定义，它具有投影算子 $\boldsymbol{P}_{\mathrm{acc}}$。那么，$1-f$ 可由 MO-1gQFA $\mathcal{M}'$ 定义，$\mathcal{M}'$ 几乎与$\mathcal{M}$一样，只是 $\boldsymbol{P}'_{\mathrm{acc}}=\boldsymbol{I}-\boldsymbol{P}_{\mathrm{acc}}$。

(b) 对于(ii)，我们详细证明 $k=2$ 的情形。假设 f_i 由 MO-1gQFA $\mathcal{M}_i=\{Q,\Sigma,\{\mathcal{E}_\sigma^{(i)}\}_{\sigma\in\Sigma},\rho_0^{(i)},Q_{\mathrm{acc}}^{(i)})$ 定义，其中 $i=1,2$，且 $Q_1\cap Q_2=\varnothing$。假设 c_1 和 c_2 满足定理给出的条件。可构造一个 MO-1gQFA $\mathcal{M}=(Q,\Sigma,\{\mathcal{E}_\sigma\}_{\sigma\in\Sigma},\rho_0,Q_{\mathrm{acc}})$ 如下：

- $Q=Q_1\cup Q_2$，即有$\mathcal{H}(Q)=\mathcal{H}(Q_1)\oplus\mathcal{H}(Q_2)$；
- $Q_{\mathrm{acc}}=Q_{\mathrm{acc}}^{(1)}\cup Q_{\mathrm{acc}}^{(2)}$，即有 $\boldsymbol{P}_{\mathrm{acc}}=\boldsymbol{P}_{\mathrm{acc}}^{(1)}\oplus\boldsymbol{P}_{\mathrm{acc}}^{(2)}$；
- $\rho_0=c_1\rho_0^{(1)}\oplus c_2\rho_0^{(2)}$，显然 ρ_0 是一个密度算子；
- 对每个 $\sigma\in\Sigma$，构造$\mathcal{E}_\sigma=\mathcal{E}_\sigma^{(1)}\oplus\mathcal{E}_\sigma^{(2)}$。

具体地，如果$\mathcal{E}_\sigma^{(1)}$ 和$\mathcal{E}_\sigma^{(2)}$ 的算子元素集分别是$\{E_i\}_{i\in S}$ 和$\{F_j\}_{j\in T}$，则$\mathcal{E}_\sigma$ 的算子元素集构造为$\left\{\frac{1}{\sqrt{|T|}}E_i\oplus\frac{1}{\sqrt{|S|}}F_j\right\}_{i\in S,j\in T}$，从而有

$$\begin{aligned}&\sum_{i\in S,j\in T}\left(\frac{1}{\sqrt{|T|}}E_i\oplus\frac{1}{\sqrt{|S|}}F_j\right)^\dagger\left(\frac{1}{\sqrt{|T|}}E_i\oplus\frac{1}{\sqrt{|S|}}F_j\right)\\&=\sum_{i\in S,j\in T}\frac{1}{|T|}E_i^\dagger E_i\oplus\frac{1}{|S|}F_j^\dagger F_j\\&=\sum_{i\in S}E_i^\dagger E_i\oplus\sum_{j\in T}F_j^\dagger F_j\\&=I_1\oplus I_2.\end{aligned}$$

因此，对于 $\sigma\in\Sigma$，上面构造的$\mathcal{E}_\sigma$ 确实是保迹量子运算。

此外，对于任意的 $\rho=\rho_1\oplus\rho_2\in D(\mathcal{H}(Q))$，其中 ρ_1、ρ_2 等于某个密度算子乘以一个常数因子，有

$$\begin{aligned}\mathcal{E}_\sigma(\rho)=&\sum_{i\in S,j\in T}\left(\frac{1}{\sqrt{|T|}}E_i\oplus\frac{1}{\sqrt{|S|}}F_j\right)(\rho_1\oplus\rho_2)\\&\left(\frac{1}{\sqrt{|T|}}E_i\oplus\frac{1}{\sqrt{|S|}}F_j\right)^\dagger\end{aligned}\tag{5.2}$$

$$\begin{aligned}&=\sum_{i\in S,j\in T}\frac{1}{|T|}E_i\rho_1E_i^\dagger\oplus\frac{1}{|S|}F_j\rho_2F_j^\dagger\\&=\sum_{i\in N}E_i\rho_1E_i^\dagger\oplus\sum_{j\in M}F_j\rho_2F_j^\dagger\\&=\mathcal{E}_\sigma^{(1)}(\rho_1)\oplus\mathcal{E}_\sigma^{(2)}(\rho_2).\end{aligned}\tag{5.3}$$

由此不难发现,对于任意的 $x\in\Sigma^*$,有

$$f_{\mathcal{M}}(x)=c_1f_1(x)+c_2f_2(x). \tag{5.4}$$

因此证明了(ii) 对 $k=2$ 成立。这一证明过程很容易可以推广到 $k>2$ 的一般情形。

(c) 类似地,为了证明(iii),下面只证 $k=2$ 的情形。假设 f_i 由 MO-1gQFA $\mathcal{M}_i=(Q_i,\Sigma,\{\mathcal{E}_\sigma^{(i)}\}_{\sigma\in\Sigma},\rho_0^{(i)},Q_{acc}^{(i)})$ 定义,其中 $i=1,2$。构造 MO-1gQFA $\mathcal{M}=(Q,\Sigma,\{\mathcal{E}_\sigma\}_{\sigma\in\Sigma},\rho_0,Q_{acc})$ 如下:

- $Q=Q_1\times Q_2$,即有$\mathcal{H}(Q)=\mathcal{H}(Q_1)\otimes\mathcal{H}(Q_2)$;
- $\rho_0=\rho_0^{(1)}\otimes\rho_0^{(2)}$;
- 对每个 $\sigma\in\Sigma$,构造$\mathcal{E}_\sigma=\mathcal{E}_\sigma^{(1)}\otimes\mathcal{E}_\sigma^{(2)}$,具体地,如果$\mathcal{E}_\sigma^{(1)}$ 和$\mathcal{E}_\sigma^{(2)}$ 的算子元素集分别是$\{E_i\}_{i\in S}$ 和$\{F_j\}_{j\in T}$,那么构造$\mathcal{E}_\sigma$ 的算子元素集为$\{E_i\otimes F_j\}_{i\in S,j\in T}$;
- $Q_{acc}=Q_{acc}^{(1)}\times Q_{acc}^{(2)}$,即有 $\boldsymbol{P}_{acc}=\boldsymbol{P}_{acc}^{(1)}\otimes\boldsymbol{P}_{acc}^{(2)}$。

容易看到,对于任意的 $\sigma\in\Sigma$ 和任意的 $\rho=\rho_1\otimes\rho_2\in D(\mathcal{H}(Q))$,有

$$\mathcal{E}_\sigma(\rho)=\mathcal{E}_\sigma^{(1)}(\rho_1)\otimes\mathcal{E}_\sigma^{(2)}(\rho_2). \tag{5.5}$$

进而,对任意的 $x\in\Sigma^*$,有 $f_{\mathcal{M}}(x)=f_1(x)f_2(x)$。因此,可证明(iii) 对 $k=2$ 成立,且容易将这一证明过程推广到 $k>2$ 时的一般情形。

综上所述,定理 5.2 得证。 □

5.1.2 语言识别能力

本节讨论 MO-1gQFA 的语言识别能力。在文献[54-55]中,Hirvensalo 证明 MO-1gQFA 可以模拟概率有限自动机,从而可以以有界误差方式识别所有的正则语言。另外,由于 MO-1gQFA 能执行更一般的操作,因此人们期望它具有更强的语言识别能力。然而,本节将证明 MO-1gQFA 以有界误差方式识别的语言类正好等于正则语言。

一个语言 L 被 MO-1gQFA $\mathcal{M}$以有界误差方式识别,是指存在 $\lambda\in[0,1]$和 $\epsilon>0$,使得:

- $f_{\mathcal{M}}(x)\geqslant\lambda+\epsilon$ 对任意的 $x\in L$ 成立;
- $f_{\mathcal{M}}(y)\leqslant\lambda-\epsilon$ 对任意的 $y\notin L$ 成立。

在证明 MO-1gQFA 的语言识别能力之前,先回顾一些要用到的概念和

相关结论。密度算子 ρ 和 σ 之间的迹距离是①

$$D(\rho,\sigma)=\|\rho-\sigma\|_{\mathrm{tr}},\tag{5.6}$$

其中，$\|\boldsymbol{A}\|_{\mathrm{tr}}=\mathrm{tr}\sqrt{\boldsymbol{A}^{\dagger}\boldsymbol{A}}$ 是算子 $\boldsymbol{A}$ 的迹范数。两个概率分布 $\{p_x\}$ 和 $\{q_x\}$ 之间的迹距离是

$$D(p_x,q_x)=\sum_x|p_x-q_x|.\tag{5.7}$$

关于以上距离有下面两个重要结论。

引理 5.1[122] 对密度算子 ρ 和 σ 有

$$D(\mathcal{E}(\rho),\mathcal{E}(\sigma))\leqslant D(\rho,\sigma)\tag{5.8}$$

对于任意的保迹量子运算 $\mathcal{E}$ 成立。

引理 5.2[122] 对密度算子 ρ 和 σ 有

$$D(\rho,\sigma)=\max_{\{E_m\}}D(p_m,q_m),\tag{5.9}$$

其中，$p_m=\mathrm{tr}(\rho E_m)$，$q_m=\mathrm{tr}(\sigma E_m)$，max 是对所有 POVM 测量 $\{E_m\}$ 取最大值。

出于可读性的考虑，也回忆一下 Myhill-Nerode 定理[11]。

定理 5.2(Myhill-Nerode 定理) 以下三条陈述是等价的：

(1)语言 $L\subseteq\Sigma^*$ 被某个有限自动机接受。

(2)L 是一个右不变等价关系的某些等价类的并集，且这个等价关系是有限的②。

(3)令等价关系 R_L 定义为：xR_Ly 当且仅当对于所有的 $z\in\Sigma^*$，yz 属于 L，恰好 xz 属于 L，那么 R_L 是有限的。

下面给出这部分内容的主要结论。

定理 5.3 MO-1gQFA 以有界误差方式识别的语言是正则语言。

证明 假设 L 被 MO-1gQFA $\mathcal{M}=(Q,\Sigma,\{\mathcal{E}_\sigma\}_{\sigma\in\Sigma},\rho_0,Q_{acc})$ 以有界误差方式识别。我们在 Σ^* 上定义一个等价关系"$\equiv_L$"：$x\equiv_L y$ 当且仅当对于任意的 $z\in\Sigma^*$，xz 属于 L，恰好 yz 属于 L。由定理 5.5 可知，若能证明"$\equiv_L$"生成的等价类的数目是有限的，则 L 是正则的。

---

① 算子之间的迹距离的原始定义是 $D(\rho,\sigma)=\frac{1}{2}\|\rho-\sigma\|_{\mathrm{tr}}$。在这里，为了达到目的，我们忽略因子 $\frac{1}{2}$。在后文中，我们会对两个概率分布之间的迹距离的定义做类似的处理。

② 称一个等价关系是有限的，是指其生成的等价类的数目是有限的。

令 $S=\{\boldsymbol{A}:\|\boldsymbol{A}\|_{\mathrm{tr}}\leqslant 1,\boldsymbol{A}$ 是$\mathcal{H}(Q)$ 上的线性算子$\}$,则 S 是有限维空间的有界子集。令 $\rho_x=\mathcal{E}_{x_n}\circ\cdots\circ\mathcal{E}_{x_2}\circ\mathcal{E}_{x_1}(\rho_0)$,即$\mathcal{M}$在输入 x 之后的状态。那么对于所有的 $x\in\Sigma^*$,有 $\rho_x\in S$,因为$\|\rho_x\|_{\mathrm{tr}}=\mathrm{tr}(\rho_x)=\mathrm{tr}(\rho_0)=1$,其中第二个等式成立是因为所有用到的算子都是保迹的。现在假设 $x\not\equiv_L y$,也就是说存在一个字符串 $z\in\Sigma^*$ 使得 $xz\in L$ 但是 $yz\notin L$。因此,存在$\lambda\in[0,1)$ 和$\epsilon>0$,使得

$$\mathrm{tr}(\boldsymbol{P}_{\mathrm{acc}}\mathcal{E}_z(\rho_x))\geqslant\lambda+\epsilon \text{ 和 } \mathrm{tr}(\boldsymbol{P}_{\mathrm{acc}}\mathcal{E}_z(\rho_y))\leqslant\lambda-\epsilon, \tag{5.10}$$

其中,$\mathcal{E}_z$ 表示$\mathcal{E}_{z_n}\circ\cdots\circ\mathcal{E}_{z_2}\circ\mathcal{E}_{z_1}$。记 $p_{\mathrm{acc}}=\mathrm{tr}(\boldsymbol{P}_{\mathrm{acc}}\mathcal{E}_z(\rho_x))$,$p_{\mathrm{rej}}=\mathrm{tr}(\boldsymbol{P}_{\mathrm{rej}}\mathcal{E}_z(\rho_x))$,$q_{\mathrm{acc}}=\mathrm{tr}(\boldsymbol{P}_{\mathrm{acc}}\mathcal{E}_z(\rho_y))$,$q_{\mathrm{rej}}=\mathrm{tr}(\boldsymbol{P}_{\mathrm{rej}}\mathcal{E}_z(\rho_y))$。那么根据引理 5.4,可得

$$\|\mathcal{E}_z(\rho_x)-\mathcal{E}_z(\rho_y)\|_{\mathrm{tr}}\geqslant|p_{\mathrm{acc}}-q_{\mathrm{acc}}|+|p_{\mathrm{rej}}-q_{\mathrm{rej}}|\geqslant 2\epsilon. \tag{5.11}$$

另外,根据引理 5.3,有

$$\|\rho_x-\rho_y\|_{\mathrm{tr}}\geqslant\|\mathcal{E}_z(\rho_x)-\mathcal{E}_z(\rho_y)\|_{\mathrm{tr}}. \tag{5.12}$$

因此,对于任意的满足 $x\not\equiv_L y$ 的两个字符串 $x,y\in\Sigma^*$,总有

$$\|\rho_x-\rho_y\|_{\mathrm{tr}}\geqslant 2\epsilon. \tag{5.13}$$

现假设 $\equiv_L$ 生成的等价类是无限的,记为$[x^{(1)}]$,$[x^{(2)}]$,$[x^{(3)}]$,…。根据 S 的有界性,我们可以从序列$\{\rho_{x^{(n)}}\}_{n\in\mathbb{N}}$ 中提取出一个柯西序列$\{\rho_{x^{(n_k)}}\}_{k\in\mathbb{N}}$,即一个收敛子列。因此,存在满足 $x\not\equiv_L y$ 的 x 和 y,使得

$$\|\rho_x-\rho_y\|_{\mathrm{tr}}<2\epsilon. \tag{5.14}$$

这与式(5.13)相矛盾。所以假设不成立,即由等价关系"$\equiv_L$"所生成的在Σ^*上的等价类的数目是有限的,进而由定理 5.5 得出 L 是正则语言。 □

备注 5.1 以上证明过程的思想本质上与 Rabin 的那篇具有深远影响的论文[124]是一致的。在文献[124]中,Rabin 证明概率有限自动机以有界误差方式识别的语言为正则语言。然而,要使 Rabin 的证明过程适用于 MO-1gQFA 的情形还需要做一些技术处理。同时注意到,Jeandel[146]从拓扑空间的角度给出了判定自动机识别的语言是否为正则语言的更一般、更抽象的条件。

备注 5.2 Ambainis 等[52]介绍的 LQFA 是 MO-1gQFA 的特殊情形。所以由定理 5.6 可知,LQFA 以有界误差方式识别的语言属于正则语言。注意到,文献[52]用代数方法刻画了 LQFA 所识别的语言。

MO-1gQFA 也可以模拟 DFA 和概率有限自动机,这一结果首先由 Hirvensalo[54-55]给出。

定理 5.4　MO-1gQFA 能确定性地识别所有的正则语言。

证明　证明过程就是用 MO-1gQFA 模拟概率有限自动机。首先一个 n-态概率有限自动机$\mathcal{A}$可表示为

$$\mathcal{A}=(\pi,\ \Sigma,\{\boldsymbol{A}(\sigma)\}_{\sigma\in\Sigma},\eta),$$

其中，π 是一个 n 维的随机列向量；η 是一个每个元素只能取值为 0 或 1 的 n 维行向量；对于 $\sigma\in\Sigma$，$\boldsymbol{A}(\sigma)=[\boldsymbol{A}(\sigma)_{ij}]$ 是一个 $n\times n$ 的随机矩阵（它的每列都是一个随机向量），其中 $\boldsymbol{A}(\sigma)_{ij}$ 表示当$\mathcal{A}$读取输入字符 σ 时，状态从 q_j 变换到 q_i 的概率。$\mathcal{A}$对输入串 $x_1x_2\cdots x_m\in\Sigma^*$ 的接受概率为

$$P_{\mathcal{A}}(x_1x_2\cdots x_m)=\eta\boldsymbol{A}(x_m)\cdots\boldsymbol{A}(x_2)\boldsymbol{A}(x_1)\pi. \tag{5.15}$$

为了模拟上面的概率有限自动机$\mathcal{A}$，我们构造一个 MO-1gQFA

$$\mathcal{M}=(Q,\Sigma,\{\mathcal{E}_\sigma\}_{\sigma\in\Sigma},\rho_0,Q_{\mathrm{acc}})$$

式中：

- $Q=\{q_1,q_2,\cdots,q_n\}$；
- $\rho_0=\sum_i\pi_i|q_i\rangle\langle q_i|$；
- $Q_{\mathrm{acc}}=\{q_i\in Q:\eta_i=1\}$，对应的投影算子为 $\boldsymbol{P}_{\mathrm{acc}}=\sum_{i:\eta_i=1}|q_i\rangle\langle q_i|$；
- 对每个 $\sigma\in\Sigma$，$\mathcal{E}_\sigma$ 构造为$\mathcal{E}_\sigma(\rho)=\sum_{i,j}^{n}E_{ij}\rho E_{ij}^{\dagger}$，其中对 $i,j=1,2,\cdots,n$，

有

$$E_{ij}=\sqrt{\boldsymbol{A}(\sigma)_{ij}}\,|q_i\rangle\langle q_j|. \tag{5.16}$$

不难验证$\sum_{i,j=1}^{n}E_{ij}^{\dagger}E_{ij}=\boldsymbol{I}$，即上面构造的$\mathcal{E}_\sigma$ 确实是一个保迹量子运算。$\mathcal{E}_\sigma$ 作用在纯状态 $|q_j\rangle\langle q_j|$ 上可得到

$$\mathcal{E}_\sigma(|q_j\rangle\langle q_j|)=\sum_{i=1}^{n}\boldsymbol{A}(\sigma)_{ij}|q_i\rangle\langle q_j|. \tag{5.17}$$

式(5.17)表示在算子$\mathcal{E}_\sigma$ 的作用下，状态 $|q_j\rangle$ 以概率 $\boldsymbol{A}(\sigma)_{ij}$ 演变成状态 $|q_i\rangle$。这与概率自动机$\mathcal{A}$中的 $\boldsymbol{A}(\sigma)$ 的作用一致。假定在读取输入串 $x\in\Sigma^*$ 之后，$\mathcal{A}$和$\mathcal{M}$的状态分别为 $\pi_x=(\pi_1,\pi_2,\cdots,\pi_n)^{\mathrm{T}}$ 和 $\rho_x=\sum_i p_i|q_i\rangle\langle q_i|$。通过对 x 的长度进行归纳，容易证明 $\pi_i=p_i$ 对于 $i=1,2,\cdots,n$ 均成立。因此，对于每一个输入串 $x\in\Sigma^*$，上面定义的 MO-1gQFA $\mathcal{M}$和概率有限自动机$\mathcal{A}$具有相同的接受概率。

从上面的过程可以看出，作为特殊的概率有限自动机的 DFA，完全可以

用 MO-1gQFA 来模拟。因此,对于每一个正则语言,必然存在一个 MO-1gQFA 确定性地识别它。 □

5.1.3 等价性问题

前面第 4 章中已经讨论了几类主要量子有限自动机的等价性问题。本节继续讨论 MO-1gQFA 的等价性问题。

首先给出两个 MO-1gQFA 等价的定义。

定义 5.2 两个以 Σ 为输入字母表的 MO-1gQFA $\mathcal{M}_1$ 和 $\mathcal{M}_2$ 是等价的(是 k- 等价的),是指 $f_{\mathcal{M}_1}(w)=f_{\mathcal{M}_2}(w)$ 对于任意的 $w\in\Sigma^*$ 成立(对长度满足 $|w|\leqslant k$ 的 $w\in\Sigma^*$ 成立)。

要解决 MO-1gQFA 的等价性问题,先证明下面一个关键引理。

引理 5.3 设 ρ_0 是一个密度算子,$\{\mathcal{E}_\sigma\}_{\sigma\in\Sigma}$ 是一组保迹量子运算。对 $k=0,1,2,\cdots$,记 $\varphi(k)=\mathrm{span}\{\rho_x:\rho_x=\mathcal{E}_x(\rho_0),x\in\Sigma^*,|x|\leqslant k\}$。如果存在正整数 n 使得 $\dim\varphi(k)\leqslant n$ 对 $k=0,1,2,\cdots$ 成立,则存在整数 $i_0\leqslant n-1$ 使得 $\varphi(i_0)=\varphi(i_0+j)$ 对 $j=1,2,\cdots$ 成立。

证明 首先,由 $\varphi(k)$ 的定义及已知条件显然有

$$1\leqslant\dim\varphi(0)\leqslant\dim\varphi(1)\leqslant\cdots\leqslant\dim\varphi(i)\leqslant\cdots\leqslant n. \tag{5.18}$$

因此,存在一个整数 $i_0\leqslant n-1$ 使得 $\varphi(i_0)=\varphi(i_0+1)$。接下来证明 $\varphi(i_0)=\varphi(i_0+j)$ 对 $j=2,3,\cdots$ 成立。不失一般性,证明 $\varphi(i_0)=\varphi(i_0+2)$。首先,根据 $\varphi(i_0)=\varphi(i_0+1)$,对于任意的 $\rho\in\varphi(i_0+1)$,有

$$\rho=\sum_i\alpha_i\rho_{x_i},\ \exists\, x_i:|x_i|\leqslant i_0. \tag{5.19}$$

因而对于任意的 $\rho'\in\varphi(i_0+2)$,有

$$\begin{aligned}
\rho' &= \sum_j\beta_j\rho_{x_j} && (|x_j|\leqslant i_0+2)\\
&= \sum_j\beta_j\,\mathcal{E}_{\sigma_j}(\rho_{x'_j}) && x_j=\sigma_j x'_j,\ |x'_j|\leqslant i_0+1\\
&= \sum_j\beta_j\,\mathcal{E}_{\sigma_j}\Big(\sum_j\alpha_i\rho_{x''_i}\Big) && (|x''_i|\leqslant i_0)\\
&= \sum_{i,j}\alpha_i\beta_j\,\mathcal{E}_{\sigma_j}(\rho_{x''_i}) && (|x''_i|\leqslant i_0)\\
&= \sum_{i,j}\alpha_i\beta_j\rho_{x''_{ij}} && (|x''_{ij}|\leqslant i_0+1)
\end{aligned}$$

$\in \varphi(i_0+1).$

所以 $\varphi(i_0)=\varphi(i_0+2)$。同理可证，$\varphi(i_0)=\varphi(i_0+j)$ 对于 $j\geqslant 3$ 成立。证毕。

□

备注 5.3　上面的证明过程仅用到了$\mathcal{E}_\sigma$ 的线性性，因此假设$\mathcal{E}_\sigma$ 为一般的线性超算子，上述结论仍然成立。

基于以上引理，可以得到如下定理。

定理 5.5　两个 MO-1gQFA $\mathcal{M}_i=(Q_i,\sum,\{\mathcal{E}_\sigma^{(i)}\}_{\sigma\in\sum},\rho_0^{(i)},Q_{acc}^{(i)})(i=1,2)$ 是等价的，当且仅当它们是$(n_1^2+n_2^2-1)$- 等价的，其中 $n_i=|Q_i|,i=1,2$。

证明　必要性是显然的，只证充分性。对于上述两个 MO-1gQFA，记 $\rho_0=\frac{1}{2}(\rho_0^{(1)}\oplus\rho_0^{(2)})$，$\mathcal{E}_\sigma=\mathcal{E}_\sigma^{(1)}\oplus\mathcal{E}_\sigma^{(2)}$。与 5.1.1 节的构造过程类似，如果$\mathcal{E}_\sigma^{(1)}$ 和$\mathcal{E}_\sigma^{(2)}$ 的算子元素集分别是 $\{E_i\}_{i\in S}$ 和 $\{F_j\}_{j\in T}$，则$\mathcal{E}_\sigma$ 的算子元素集构造为 $\left\{\frac{1}{\sqrt{|T|}}E_i\oplus\frac{1}{\sqrt{|S|}}F_j\right\}_{i\in S,j\in T}$。那么对于任意的 $\sigma\in\Sigma$，$\mathcal{E}_\sigma$ 是一个保迹量子运算，且根据式(5.2)和(5.3)，有

$$\mathcal{E}_x(\rho_0)=\frac{1}{2}\mathcal{E}_x^{(1)}(\rho_0^{(1)})\oplus\frac{1}{2}\mathcal{E}_x^{(2)}(\rho_0^{(2)}).\tag{5.20}$$

令 $\boldsymbol{P}=-\boldsymbol{P}_{\mathrm{acc}}^{(1)}\oplus\boldsymbol{P}_{\mathrm{acc}}^{(2)}$，则对于任意的 $x\in\Sigma$，有

$$\mathrm{tr}(\boldsymbol{P}\mathcal{E}_x(\rho_0))=\frac{1}{2}\mathrm{tr}(\boldsymbol{P}_{\mathrm{acc}}^{(2)}\mathcal{E}_x^{(2)}(\rho_0^{(2)}))-\frac{1}{2}\mathrm{tr}(\boldsymbol{P}_{\mathrm{acc}}^{(1)}\mathcal{E}_x^{(1)}(\rho_0^{(1)}))\tag{5.21}$$

$$=\frac{1}{2}f_{\mathcal{M}_2}(x)-\frac{1}{2}f_{\mathcal{M}_1}(x).\tag{5.22}$$

因此，$\mathcal{M}_1$ 与$\mathcal{M}_2$ 是等价的当且仅当 $\mathrm{tr}(\boldsymbol{P}\mathcal{E}_x(\rho_0))=0$ 对任意的 $x\in\Sigma^*$ 成立。

对 $k=0,1,2,\cdots$，记 $\varphi(k)=\mathrm{span}\{\rho_x:\rho_x=\mathcal{E}_x(\rho_0),x\in\Sigma^*,|x|\leqslant k\}$。注意有

$$\varphi(k)\subseteq\mathbb{C}^{n_1\times n_1}\oplus\mathbb{C}^{n_2\times n_2},\forall k\in\{0,1,2,\cdots,\}\tag{5.23}$$

和

$$\dim(\mathbb{C}^{n_1\times n_2}\oplus\mathbb{C}^{n_2\times n_2})=n_1^2+n_2^2.\tag{5.24}$$

因此，由引理 5.3 知，存在一个整数 $i_0\leqslant n_1^2+n_2^2-1$，使得 $\varphi(i_0+j)$ 对 $j=1,2,\cdots$ 成立，即对于 $|x|>n_1^2+n_2^2-1$，$\mathcal{E}_x(\rho_0)$ 能由 $\{\mathcal{E}_y(\rho_0):|y|\leqslant n_1^2+n_2^2-1\}$ 中的元素线性表示。因此，如果 $\mathrm{tr}(\boldsymbol{P}\mathcal{E}_x(\rho_0))=0$ 对于 $|x|\leqslant n_1^2+n_2^2-1$ 成立，

则它对于任意的 $x \in \Sigma^*$ 也成立。 □

备注 5.4 MO-1gQFA 是一个一般化的模型,例如 MO-1QFA 和 LQ-FA 都可以看成是 MO-1gQFA 的特殊情形,因而定理 5.5 给出的等价性判定准则同样适用于这些模型。

5.2 测量多次的一般单向量子有限自动机

本节讨论另一种一般单向量子有限自动机 MM-1gQFA。与 MO-1gQFA 类似,MM-1gQFA 每读入一个字符都执行一次保迹量子运算。二者的区别在于:在 MM-1gQFA 中,每读取一个输入字符,在作用完保迹量子运算之后都会做一次测量,用来判断是停止(接受或拒绝)还是继续运行;而在 MO-1gQFA 中,只有在读完所有的输入字符之后才做一次测量,用来判定是接受还是拒绝。

我们知道,在有界误差方式下,MM-1QFA 比 MO-1QFA 识别的语言多,这意味着测量次数会影响单向 QFA 的计算能力。前面已经证明 MO-1gQFA 以有界误差方式能识别所有的正则语言。因此,如果测量次数也能影响 1gQFA 的计算能力的话,则 MM-1gQFA 有可能识别某些非正则语言,不过事实并非如此。

本节的目的是刻画 MM-1gQFA 所识别的语言类,同时也讨论 MM-1gQFA 的等价性问题。为了解决这些问题,在 5.2.1 节先介绍一个技术处理过程,即用一个宽松 MO-1gQFA 来模拟一个 MM-1gQFA。所谓宽松 MO-1gQFA,即它的每个输入字符对应一个线性超算子,而不是保迹量子运算。在 5.2.2 节我们将证明 MM-1gQFA 以有界误差方式所识别的语言类正好等于正则语言,这与 MO-1gQFA 的语言识别能力是一样的。因此,测量次数对 1gQFA 的计算能力没有影响,这与传统的单向 QFA 的情形形成了明显的反差。5.2.3 节讨论 MM-1gQFA 的等价性问题,给出两个 MM-1gQFA 等价的充分必要条件。

5.2.1 预处理

下面先给出与 MM-1gQFA 相关的定义，然后介绍如何将 MM-1gQFA 转换为宽松 MO-1gQFA。

定义 5.3 一个 MM-1gQFA 是一个六元组

$$\mathcal{M}=(Q,\ \Sigma,\{\mathcal{E}_\sigma\}_{\sigma\in\Sigma\cup\{\#,\$\}},\rho_0,Q_{acc},Q_{rej}),$$

式中：

- 与 MO-1gQFA 定义类似，Q、Σ、ρ_0 分别是有限状态集、有限输入字母表和初始状态；
- 另外有两个结束标记符，$\#\notin\Sigma$ 和 $\$\notin\Sigma$ 分别是左结束标记和右结束标记；
- 对每个 $\sigma\in\Sigma\cup\{\#,\$\}$，$\mathcal{E}_\sigma$ 是 $\mathcal{H}(Q)$ 上的保迹量子运算；
- $Q_{acc}\subseteq Q$ 是接受状态集，$Q_{rej}\subseteq Q$ 是拒绝状态集，它们互不相交，并且记 $Q_{non}=Q\backslash(Q_{acc}\cup Q_{rej})$，称之为非停止状态集。

在上述定义中，整个状态空间 $\mathcal{H}(Q)$ 被划分为三个子空间：$\mathcal{H}_{non}=\text{span}\{|q\rangle: q\in Q_{non}\}$，$\mathcal{H}_{acc}=\text{span}\{|q\rangle: q\in Q_{acc}\}$，$\mathcal{H}_{rej}=\text{span}\{|q\rangle: q\in Q_{rej}\}$。相应地存在三个算子 $\boldsymbol{P}_{non}$、$\boldsymbol{P}_{acc}$ 和 $\boldsymbol{P}_{rej}$，分别是到上述三个子空间的投影算子。因此 $M=\{\boldsymbol{P}_{non},\boldsymbol{P}_{acc},\boldsymbol{P}_{rej}\}$ 构成 $\mathcal{H}(Q)$ 上的一个投影测量。另外，在上述定义中假定初始状态 ρ_0 是子空间 $\mathcal{H}_{non}$ 中的密度算子，与其他的两个子空间没有共同部分，即 $\text{supp}(\rho_0)\subseteq\mathcal{H}_{non}$ 且 $\text{supp}(\rho_0)\cap\mathcal{H}_l=\varnothing$，其中 $l\in\{\text{acc},\text{rej}\}$，$\text{supp}(\rho_0)$ 表示 ρ_0 的非零特征值所对应的特征向量张成的空间。这一假定并不影响 MM-1gQFA 的计算能力，因为可以通过调节算子 $\mathcal{E}_\#$ 从 ρ_0 生成任意的密度算子。其实，在 2QFA[13] 的定义中也做了类似的假定。

MM-1gQFA $\mathcal{M}$ 的输入具有以下形式：$\#x\$$，其中 $x\in\Sigma^*$，$\#$ 和 $\$$ 分别是左结束标记和右结束标记。MM-1gQFA 的行为与 MM-1QFA 类似，每读取一个输入字符 σ，执行以下两个动作：① 作用 $\mathcal{E}_\sigma$，使得当前状态由 ρ 演变为 $\mathcal{E}_\sigma(\rho)$；② 在状态 $\mathcal{E}_\sigma(\rho)$ 上执行测量操作 $\{\boldsymbol{P}_{non},\boldsymbol{P}_{acc},\boldsymbol{P}_{rej}\}$。如果观测到"acc"（或"rej"），机器以一定的概率在接受状态（或拒绝状态）停机；如果观察到"non"，机器继续读取下一字符。

与 MM-1QFA 类似，给定一个输入串，MM-1gQFA $\mathcal{M}$ 每读取一个输入字符都有可能停止(接受或拒绝)。因此,保存执行过程中累积的接受概率和拒绝概率是有用的。定义 $\mathbf{V}=L(\mathcal{H}(Q))\times\mathbb{R}\times\mathbb{R}$,其中 $L(\mathcal{H}(Q))$ 表示空间 $\mathcal{H}(Q)$ 上的所有线性算子组成的集合。$\mathbf{V}$ 中的元素以如下方式记录$\mathcal{M}$的状态:如果当前记录为 $(\rho,p_{\text{acc}},p_{\text{rej}})\in\mathbf{V}$,则表示目前累积接受概率是 p_{acc},累积拒绝概率是 p_{rej},继续往前执行的概率是 $\text{tr}(\rho)$。在最后一种情况下,机器当前的密度算子是 $\frac{1}{\text{tr}(\rho)}\rho$。读取字符 $\sigma\in\Sigma\cup\{\#,\$\}$ 时,$\mathcal{M}$的演变可以用$\mathbf{V}$上的算子$\mathcal{T}_\sigma$ 描述如下:

$$\mathcal{T}_\sigma(\rho,p_{\text{acc}},p_{\text{rej}})=(\boldsymbol{P}_{\text{non}}\,\mathcal{E}_\sigma(\rho)\boldsymbol{P}_{\text{non}},\text{tr}(\boldsymbol{P}_{\text{acc}}\,\mathcal{E}_\sigma(\rho))+p_{\text{acc}},\text{tr}(\boldsymbol{P}_{\text{rej}}\,\mathcal{E}_\sigma(\rho))+p_{\text{rej}}).$$

记 MM-1gQFA $\mathcal{M}$接受 $x\in\Sigma^*$ 的概率为 $f_{\mathcal{M}}(x)$。如上所述,$\mathcal{M}$在读取输入字符串 $\#x\$$ 的过程中,每读入一个字符都会产生一定的接受概率。$f_{\mathcal{M}}(x)$ 就等于所有这些接受概率的累积和。$f_{\mathcal{M}}(x)$ 具体表示如下:

$$f_{\mathcal{M}}(x_1\cdots x_n)=\sum_{k=0}^{n+1}\text{tr}\left(\boldsymbol{P}_{\text{acc}}\,\mathcal{E}_{x_k}\circ\prod_{i=0}^{k-1}\widetilde{\mathcal{E}}_{x_i}(\rho_0)\right),\tag{5.25}$$

其中,记 $x_0=\#$,$x_{n+1}=\$$,并有

$$\prod_{i=0}^{k}\widetilde{\mathcal{E}}_{x_i}=\widetilde{\mathcal{E}}_{x_k}\circ\cdots\circ\widetilde{\mathcal{E}}_{x_0},\tag{5.26}$$

$$\widetilde{\mathcal{E}}_{x_i}(\rho)=\boldsymbol{P}_{\text{non}}\mathcal{E}_{x_i}(\rho)\boldsymbol{P}_{\text{non}}.\tag{5.27}$$

显然,MM-1QFA 是特殊的 MM-1gQFA。文献[51,76]定义的 GQFA 也是 MM-1gQFA 的特殊情形。因此,后文得到的关于 MM-1gQFA 的结论同样也适用于这两个模型。

由定义易知,可用 MM-1gQFA 模拟 MO-1gQFA。现在反过来的问题是:能否用 MO-1gQFA 模拟 MM-1gQFA? 如果放宽 MO-1gQFA 定义中的要求,那么答案是肯定的。下面来说明这个过程,首先定义一个名为测量一次的线性机(measure-once linear machine,MO-LM)的模型。

定义 5.4 一个 MO-LM 可表示为$\mathcal{M}=(Q,\Sigma,\{\Theta_\sigma\}_{\sigma\in\Sigma},\rho_0,Q_{\text{acc}})$,它与 MO-1gQFA 类似,除了 Θ_σ 之外的所有元素与 MO-1gQFA 中的元素是一样的,这里只要求 $\Theta_\sigma:L(\mathcal{H}(Q))\to L(\mathcal{H}(Q))$ 是一个线性超算子,而不必是保迹量子运算。

上述 MO-LM $\mathcal{M}$定义函数 $f_{\mathcal{M}}:\Sigma^*\to\mathbb{C}$ 如下:

$$f_{\mathcal{M}}(x_1x_2\cdots x_m)=\text{tr}(\boldsymbol{P}_{\text{acc}}\Theta_{x_m}\circ\cdots\circ\Theta_{x_2}\circ\Theta_{x_1}(\rho_0)),\tag{5.28}$$

其中,$\boldsymbol{P}_{\text{acc}}$ 是到 Q_{acc} 所生成子空间的投影算子。

接下来把 MM-1gQFA 中的每个保迹量子运算分解为三部分，这对后面用 MO-LM 模拟 MM-1gQFA 是有用的。

引理 5.4 给定一个保迹量子运算$\mathcal{E}(\rho)=\sum_m E_m\rho E_m^\dagger$，其所在的 Hilbert 空间为$\mathcal{H}=\mathcal{H}_{\text{non}}\oplus\mathcal{H}_{\text{acc}}\oplus\mathcal{H}_{\text{rej}}$，其中三个子空间互不相交。那么每个$E_m$都可以做这样的分解：

$$E_m=E_m^{(\text{non})}+E_m^{(\text{acc})}+E_m^{(\text{rej})}, \tag{5.29}$$

使得对任意的$l\in\{\text{non},\text{acc},\text{rej}\}$，都有

$$\sum_m E_m^{(l)\dagger}E_m^{(l)}=\boldsymbol{I}_l. \tag{5.30}$$

其中，$\boldsymbol{I}_l$是子空间$\mathcal{H}_l$上的单位算子，且对$\mathcal{H}$上的半正定算子ρ_l，若满足$\text{supp}(\rho_l)\subseteq\mathcal{H}_l$，$l\in\{\text{non},\text{acc},\text{rej}\}$，则有

$$\mathcal{E}(\rho_l)=\sum_m E_m^{(l)}\rho_l E_m^{(l)\dagger}. \tag{5.31}$$

证明 令$\{|n_i\rangle\}$、$\{|a_i\rangle\}$和$\{|r_i\rangle\}$分别是$\mathcal{H}_{\text{non}}$、$\mathcal{H}_{\text{acc}}$和$\mathcal{H}_{\text{rej}}$的一组标准正交基，则$\{|n_i\rangle\}\cup\{|a_i\rangle\}\cup\{|r_i\rangle\}$是$\mathcal{H}$的一组标准正交基，为简便起见，记之为$\{|h\rangle\}$。$\mathcal{E}$的算子和表示中的每个算子元素$E_m$都可以表示为外积形式，即

$$E_m=\sum_{hh'}e_{hh'}|h\rangle\langle h'|, \tag{5.32}$$

其中，$e_{hh'}=\langle h|E_m|h'\rangle$。更为具体地，$E_m$可以分解为三部分$E_m=E_m^{(\text{non})}+E_m^{(\text{acc})}+E_m^{(\text{rej})}$，其中

$$E_m^{(\text{non})}=\sum_{hn_i}e_{hn_i}|h\rangle\langle n_i|, \tag{5.33}$$

$$E_m^{(\text{acc})}=\sum_{ha_i}e_{ha_i}|h\rangle\langle a_i|, \tag{5.34}$$

$$E_m^{(\text{rej})}=\sum_{hr_i}e_{hr_i}|h\rangle\langle r_i|, \tag{5.35}$$

因为$\mathcal{E}$是保迹的，所以有

$$\begin{aligned}&\sum_m E_m^\dagger E_m=\boldsymbol{I}\\ \Leftrightarrow&\sum_m(E_m^{(\text{non})}+E_m^{(\text{acc})}+E_m^{(\text{rej})})^\dagger(E_m^{(\text{non})}+E_m^{(\text{acc})}+E_m^{(\text{rej})})=\boldsymbol{I} \qquad (5.36)\\ \Leftrightarrow&\sum_m\left(\sum_l E_m^{(l)\dagger}E_m^{(l)}+\sum_{l\neq l'}E_m^{(l)\dagger}E_m^{(l')}\right)=\boldsymbol{I}. \qquad (5.37)\end{aligned}$$

在上面的过程中，对于每个$l\in\{\text{non},\text{acc},\text{rej}\}$，$E_m^{(l)\dagger}E_m^{(l)}$包含了$\sum_m E_m^\dagger E_m$

的对角线元素和非对角线元素;而当 $l \neq l'$ 时,$E_m^{(l)\dagger} E_m^{(l')}$ 仅包含非对角线元素。此外,$E_m^{(l)\dagger} E_m^{(l)}$ 与 $E_m^{(l)\dagger} E_m^{(l')}(l \neq l')$ 不可能在同一位置拥有非零元素。比如,易知 $E_m^{(\mathrm{non})\dagger} E_m^{(\mathrm{non})}$ 和 $E_m^{(\mathrm{non})\dagger} E_m^{(\mathrm{acc})}$ 的形式如下:

$$E_m^{(\mathrm{non})\dagger} E_m^{(\mathrm{non})} = \sum e'_{ij} \mid n_i\rangle\langle n_j \mid, \tag{5.38}$$

$$E_m^{(\mathrm{non})\dagger} E_m^{(\mathrm{acc})} = \sum e'_{ij} \mid n_i\rangle\langle a_j \mid, \tag{5.39}$$

显然它们不可能在同一位置拥有非零元素。其他情形同理可证。因此,根据等式 $\sum_m E_m^{\dagger} E_m = \boldsymbol{I}$,可得

$$\sum_m \sum_{l \neq l'} E_m^{(l)\dagger} E_m^{(l')} = 0, \tag{5.40}$$

以及

$$\sum_m E_m^{(\mathrm{non})\dagger} E_m^{(\mathrm{non})} + \sum_m E_m^{(\mathrm{acc})\dagger} E_m^{(\mathrm{acc})} + \sum_m E_m^{(\mathrm{rej})\dagger} E_m^{(\mathrm{rej})} = \boldsymbol{I}. \tag{5.41}$$

同时,注意到

$$\mathrm{supp}(E_m^{(l)\dagger} E_m^{(l)}) \subseteq \mathcal{H}_l \tag{5.42}$$

对于每个 $l \in \{\mathrm{non}, \mathrm{acc}, \mathrm{rej}\}$ 成立。所以有

$$\sum_m E_m^{(l)\dagger} E_m^{(l)} = \boldsymbol{I}_l \tag{5.43}$$

对于每个 $l \in \{\mathrm{non}, \mathrm{acc}, \mathrm{rej}\}$ 成立,其中 $\boldsymbol{I}_l$ 是子空间 $\mathcal{H}_l$ 上的单位算子。

接下来,证明等式(5.31)成立。不失一般性,证明等式(5.31)对 $l = non$ 是成立的。给定一个满足 $\mathrm{supp}(\rho_{\mathrm{non}}) \subseteq \mathcal{H}_{\mathrm{non}}$ 的半正定算子 ρ_{non},易知

$$E_m^{(l')} \rho_{\mathrm{non}} = \rho_{\mathrm{non}} E_m^{(l')\dagger} = 0, \forall\, l' \in \{\mathrm{acc}, \mathrm{rej}\}. \tag{5.44}$$

因此有

$$\mathcal{E}(\rho_{\mathrm{non}}) = \sum_m E_m^{(\mathrm{non})} \rho_{non} E_m^{(\mathrm{non})\dagger}. \tag{5.45}$$

同理可证,等式(5.31)对于 $l \in \{\mathrm{acc}, \mathrm{rej}\}$ 的情形也是成立的。

综上所述,引理5.4得证。 □

下面用MO-LM模拟MM-1gQFA。出于简便,下面内容中简记 $\mathcal{H}(Q)$ 为 $\mathcal{H}$。

定理5.6 一个MM-1gQFA $\mathcal{M} = (Q, \Sigma, \{\mathcal{E}_\sigma\}_{\sigma \in \Sigma \cup \{\#, \$\}}, \rho_0, Q_{\mathrm{acc}}, Q_{\mathrm{rej}})$ 可被一个MO-LM $\mathcal{M}' = (Q, \Gamma, \{\Theta_\sigma\}_{\sigma \in \Gamma}, \rho_0, Q_{\mathrm{acc}})$ 模拟,使得 $f_{\mathcal{M}}(x) = f_{\mathcal{M}'}(\# x \$)$ 对任意 $x \in \Sigma^*$ 成立,其中 $\Gamma = \Sigma \cup \{\#, \$\}$。

证明 对于给定的MM-1gQFA $\mathcal{M} = (Q, \Sigma, \{\mathcal{E}_\sigma\}_{\sigma \in \Sigma \cup \{\#, \$\}}, \rho_0, Q_{\mathrm{acc}}, Q_{\mathrm{rej}})$,构造一个MO-LM $\mathcal{M}'$,使得除 Θ 之外的所有元素与 $\mathcal{M}$ 中的元素一样。

接下来关键步骤是要构造一个线性超算子 Θ 模拟量子运算$\mathcal{E}$和投影测量$\{\boldsymbol{P}_{\text{non}},\boldsymbol{P}_{\text{acc}},\boldsymbol{P}_{\text{rej}}\}$。构造过程分两步进行：① 首先构造一个线性超算子$\mathcal{F}$：$L(\mathcal{H})\to L(\mathcal{H})$ 模拟量子运算$\mathcal{E}$；② 构造另一个线性超算子$\mathcal{F}'$ 模拟测量$\{\boldsymbol{P}_{\text{non}},\boldsymbol{P}_{\text{acc}},\boldsymbol{P}_{\text{rej}}\}$。

对于$\mathcal{M}$中的保迹量子运算$\mathcal{E}(\rho)=\sum_{m=1}^{M}E_m\rho E_m^{\dagger}$，根据引理 5.4，每个 E_m 可以分解为 $E_m=E_m^{(\text{non})}+E_m^{(\text{acc})}+E_m^{(\text{rej})}$。因此构造一个$\mathcal{H}$上的线性算子

$$F_m=E_m^{(\text{non})}+\frac{1}{\sqrt{M}}\boldsymbol{P}_{\text{acc}}+\frac{1}{\sqrt{M}}\boldsymbol{P}_{\text{rej}},\tag{5.46}$$

其中，M 是$\mathcal{E}$的算子和表示中算子的个数，$\boldsymbol{P}_{\text{acc}}$ 和 $\boldsymbol{P}_{\text{rej}}$ 分别是子空间$\mathcal{H}_{\text{acc}}$ 和$\mathcal{H}_{\text{rej}}$上的投影算子。进而构造线性超算子$\mathcal{F}$：$L(\mathcal{H})\to L(\mathcal{H})$ 如下：

$$\mathcal{F}(\rho)=\sum_{m=1}^{M}F_m\rho F_m^{\dagger}.\tag{5.47}$$

那么对于满足 $\text{supp}(\rho_l)\subseteq\mathcal{H}_l(l\in\{\text{non},\text{acc},\text{rej}\})$ 的 $\rho=\rho_{\text{non}}+\rho_{\text{acc}}+\rho_{\text{rej}}$，有

$$\begin{aligned}\mathcal{F}(\rho)&=\mathcal{F}(\rho_{\text{non}})+\mathcal{F}(\rho_{\text{acc}})+\mathcal{F}(\rho_{\text{rej}})\\&=\sum_{m=1}^{M}E_m^{(\text{non})}\rho_{\text{non}}E_m^{(\text{non})^{\dagger}}+\frac{1}{M}\sum_{m=1}^{M}\boldsymbol{P}_{\text{acc}}\rho_{\text{acc}}\boldsymbol{P}_{\text{acc}}+\frac{1}{M}\sum_{m=1}^{M}\boldsymbol{P}_{\text{rej}}\rho_{\text{rej}}\boldsymbol{P}_{\text{rej}}\\&=\mathcal{E}(\rho_{\text{non}})+\rho_{\text{acc}}+\rho_{\text{rej}}.\end{aligned}\tag{5.48}$$

以上过程中，用到了引理 5.4 和以下性质：

$$\boldsymbol{P}_l\rho_{\text{non}}=0,\rho_{\text{non}}\boldsymbol{P}_l=0,\ \forall\, l\in\{\text{acc},\text{rej}\}.\tag{5.49}$$

$$E_m^{(\text{non})}\rho_l=0,\rho_l E_m^{(\text{non})^{\dagger}}=0,\ \forall\, l\in\{\text{acc},\text{rej}\}\text{和}\ \forall\, m,\tag{5.50}$$

$$\boldsymbol{P}_l\rho_l\boldsymbol{P}_l=\rho_l,\ \forall\, l\in\{\text{acc},\text{rej}\}.\tag{5.51}$$

接下来模拟测量$\{\boldsymbol{P}_{\text{non}},\boldsymbol{P}_{\text{acc}},\boldsymbol{P}_{\text{rej}}\}$。为此，构造一个如下的保迹量子运算$\mathcal{F}'$：

$$\mathcal{F}'(\rho)=\boldsymbol{P}_{\text{non}}\rho\boldsymbol{P}_{\text{non}}+\boldsymbol{P}_{\text{acc}}\rho\boldsymbol{P}_{\text{acc}}+\boldsymbol{P}_{\text{rej}}\rho\boldsymbol{P}_{\text{rej}}.\tag{5.52}$$

对于等式(5.48)给出的$\mathcal{F}(\rho)$，有

$$\begin{aligned}\mathcal{F}'(\mathcal{F}(\rho))&=\mathcal{F}'(\mathcal{E}(\rho_{\text{non}}))+F'(\rho_{\text{acc}})+\mathcal{F}'(\rho_{\text{rej}})\\&=\mathcal{F}'(\mathcal{E}(\rho_{\text{non}}))+\rho_{\text{acc}}+\rho_{\text{rej}}\\&=\boldsymbol{P}_{\text{non}}\mathcal{E}(\rho_{\text{non}})\boldsymbol{P}_{\text{non}}+(\rho_{\text{acc}}+\boldsymbol{P}_{\text{acc}}\mathcal{E}(\rho_{\text{non}})\boldsymbol{P}_{\text{acc}})\\&\quad+(\rho_{\text{rej}}+\boldsymbol{P}_{\text{rej}}\mathcal{E}(\rho_{\text{non}})\boldsymbol{P}_{\text{rej}}).\end{aligned}$$

综上所述，对于 MM-1gQFA $\mathcal{M}$的量子运算$\mathcal{E}$和投影测量$\{\boldsymbol{P}_{\text{non}},\boldsymbol{P}_{\text{acc}},\boldsymbol{P}_{\text{rej}}\}$，令 $\Theta=\mathcal{F}'\circ\mathcal{F}$，从而得到 MO-LM $\mathcal{M}'$的一个线性超算子 Θ：$L(\mathcal{H})\to$

$L(\mathcal{H})$。对于满足 $\mathrm{supp}(\rho_l)\subseteq\mathcal{H}_l(l\in\{\mathrm{non},\mathrm{acc},\mathrm{rej}\})$ 的 $\rho=\rho_{\mathrm{non}}+\rho_{\mathrm{acc}}+\rho_{\mathrm{rej}}$，有

$$\Theta:\rho_{\mathrm{non}}+\rho_{\mathrm{acc}}+\rho_{\mathrm{rej}}\to\rho'_{\mathrm{non}}+(\rho_{\mathrm{acc}}+\rho'_{\mathrm{acc}})+(\rho_{\mathrm{rej}}+\rho'_{\mathrm{rej}}),\tag{5.53}$$

其中，$\mathrm{supp}(\rho'_l)\subseteq\mathcal{H}_l$ 对于 $l\in\{\mathrm{non},\mathrm{acc},\mathrm{rej}\}$ 成立；具体地，有 $\rho'_{\mathrm{non}}=\boldsymbol{P}_{\mathrm{non}}\mathcal{E}(\rho_{\mathrm{non}})\boldsymbol{P}_{\mathrm{non}}$，$\rho'_{\mathrm{acc}}=\boldsymbol{P}_{\mathrm{acc}}\mathcal{E}(\rho_{\mathrm{non}})\boldsymbol{P}_{\mathrm{acc}}$，$\rho'_{\mathrm{rej}}=\boldsymbol{P}_{\mathrm{rej}}\mathcal{E}(\rho_{\mathrm{non}})\boldsymbol{P}_{\mathrm{rej}}$。

接下来证明$\mathcal{M}$和$\mathcal{M}'$对每一个输入串都有相同的接受概率。首先，在读取某个输入串之后，MO-LM $\mathcal{M}'$的状态$\bar{\rho}\in L(\mathcal{H})$具有以下形式：

$$\bar{\rho}=\rho_{\mathrm{non}}+\rho_{\mathrm{acc}}+\rho_{\mathrm{rej}},\tag{5.54}$$

其中，对任意的 $l\in\{\mathrm{non},\mathrm{acc},\mathrm{rej}\}$，有 $\mathrm{supp}(\rho_l)\subseteq\mathcal{H}_l$。为了说明这一点，首先易知初始状态 ρ_0 本身就是这种形式，然后根据等式(5.53)知线性超算子 Θ 会保持状态的这种形式。

前面介绍过，MM-1gQFA $\mathcal{M}$的状态可以用 $\mathbf{V}=L(\mathcal{H})\times\mathbb{R}\times\mathbb{R}$ 中的元素描述为$(\rho,p_{\mathrm{acc}},p_{\mathrm{rej}})$。为了证明$\mathcal{M}$和$\mathcal{M}'$对每一个输入串具有相同的接受概率，先证明下面的命题。

命题 5.1 假设在读取某输入串之后，MM-1gQFA $\mathcal{M}$的状态为$(\rho,p_{\mathrm{acc}},p_{\mathrm{rej}})$，MO-LM $\mathcal{M}'$的状态为 $\bar{\rho}=\rho_{\mathrm{non}}+\rho_{\mathrm{acc}}+\rho_{\mathrm{rej}}$，其中 $\mathrm{supp}(\rho_l)\subseteq\mathcal{H}_l(l\in\{\mathrm{non},\mathrm{acc},\mathrm{rej}\})$。那么有以下等式成立：

$$\rho=\rho_{\mathrm{non}},\tag{5.55}$$

$$p_{\mathrm{acc}}=\mathrm{tr}(\bar{\rho}\boldsymbol{P}_{\mathrm{acc}}).\tag{5.56}$$

证明 下面通过对输入串的长度进行归纳来证明。

基础步：当$|y|=0$ 时，因为 $\mathrm{supp}(\rho_0)\subseteq\mathcal{H}_{\mathrm{non}}$，所以结论成立。

归纳步：假设当读取长度为 k 的 y 之后，$\mathcal{M}$和$\mathcal{M}'$的状态分别是$(\rho,p_{\mathrm{acc}},p_{\mathrm{rej}})$和 $\bar{\rho}=\rho_{\mathrm{non}}+\rho_{\mathrm{acc}}+\rho_{\mathrm{rej}}$，且满足 $\rho=\rho_{\mathrm{non}}$ 和 $p_{\mathrm{acc}}=\mathrm{tr}(\bar{\rho}\boldsymbol{P}_{\mathrm{acc}})$。则当$|y|=k+1$ 时，令 $y=y'\sigma$，其中$|y'|=k$，$\sigma\in\Sigma\cup\{\#,\$\}$。那么$\mathcal{M}$的状态演变如下：

$$\mathcal{T}_\sigma:(\rho,p_{\mathrm{acc}},p_{\mathrm{rej}})\to(\rho',p'_{\mathrm{acc}},p'_{\mathrm{rej}}),\tag{5.57}$$

其中，$\rho'=\boldsymbol{P}_{\mathrm{non}}\mathcal{E}_\sigma(\rho)\boldsymbol{P}_{\mathrm{non}}$，$p'_{\mathrm{acc}}=\mathrm{tr}(\boldsymbol{P}_{\mathrm{acc}}\mathcal{E}_\sigma(\rho))+p_{\mathrm{acc}}$，以及 $p'_{\mathrm{rej}}=\mathrm{tr}(\boldsymbol{P}_{\mathrm{rej}}\mathcal{E}_\sigma(\rho))+p_{\mathrm{rej}}$。$\mathcal{M}'$的状态演变如下：

$$\Theta_\sigma:\bar{\rho}=\rho_{\mathrm{non}}+\rho_{\mathrm{acc}}+\rho_{\mathrm{rej}}\to\bar{\rho}'=\rho'_{\mathrm{non}}+(\rho_{\mathrm{acc}}+\rho'_{\mathrm{acc}})+(\rho_{\mathrm{rej}}+\rho'_{\mathrm{rej}}),\tag{5.58}$$

其中，$\rho'_{\mathrm{non}}=\boldsymbol{P}_{\mathrm{non}}\mathcal{E}_\sigma(\rho_{\mathrm{non}})\boldsymbol{P}_{\mathrm{non}}$，$\rho'_{\mathrm{acc}}=\boldsymbol{P}_{\mathrm{acc}}\mathcal{E}_\sigma(\rho_{\mathrm{non}})\boldsymbol{P}_{\mathrm{acc}}$，$\rho'_{\mathrm{rej}}=\boldsymbol{P}_{\mathrm{rej}}\mathcal{E}_\sigma(\rho_{\mathrm{non}})\boldsymbol{P}_{\mathrm{rej}}$。

因此，根据假设 $\rho=\rho_{\mathrm{non}}$，易知 $\rho'_{\mathrm{non}}=\rho'$，也即等式(5.55)成立。同时也有

$$\mathrm{tr}(\bar{\rho}'\boldsymbol{P}_{\mathrm{acc}})=\mathrm{tr}((\rho_{\mathrm{acc}}+\rho'_{\mathrm{acc}})\boldsymbol{P}_{\mathrm{acc}})$$

$$
\begin{aligned}
&= \mathrm{tr}(\rho_{\mathrm{acc}}\boldsymbol{P}_{\mathrm{acc}}) + \mathrm{tr}(\rho'_{\mathrm{acc}}\boldsymbol{P}_{\mathrm{acc}}) \\
&= \mathrm{tr}(\bar{\rho}\boldsymbol{P}_{\mathrm{acc}}) + \mathrm{tr}(\boldsymbol{P}_{\mathrm{acc}}\mathcal{E}_\sigma(\rho_{\mathrm{non}})) \\
&= p_{\mathrm{acc}} + \mathrm{tr}(\boldsymbol{P}_{\mathrm{acc}}\mathcal{E}_\sigma(\rho)) \quad \text{（由假设）} \\
&= p'_{\mathrm{acc}}.
\end{aligned}
$$

命题 5.1 得证。 □

由命题 5.1 知，MM-1gQFA $\mathcal{M}$和 MO-LM $\mathcal{M}'$对于任意的输入串具有相同的接受概率，从而完成了定理 5.6 的证明。 □

备注 5.5 在上面的证明过程中，需要注意到以下两点，它们对下一节证明 MM-1gQFA 识别的语言为正则语言是有用的。

①上述过程中定义为$\mathcal{F}(\rho)=\sum_{m=1}^{M} F_m\rho F_m^\dagger$的线性超算子$\mathcal{F}$一般来说不是保迹量子运算。然而，对于满足 $\mathrm{supp}(\rho_l)\subseteq\mathcal{H}_l\,(l\in\{non,acc,rej\})$的 $\rho=\rho_{\mathrm{non}}+\rho_{\mathrm{acc}}+\rho_{\mathrm{rej}}$，$\mathcal{F}$是保迹的，即 $\mathrm{tr}(\mathcal{F}(\rho))=\mathrm{tr}(\rho)$。

②不难验证，上面证明中构造的 MO-LM $\mathcal{M}'$的状态总是半正定算子，且对半正定算子 ρ，有$\|\rho\|_{\mathrm{tr}}=\mathrm{tr}(\rho)$。

5.2.2 语言识别能力

本节讨论 MM-1gQFA 的语言识别能力。首先回顾一下第 2 章介绍的矩阵的范数。矩阵 $\boldsymbol{A}$ 的迹范数和 Frobenius 范数分别是$\|\boldsymbol{A}\|_{\mathrm{tr}}=\mathrm{tr}\sqrt{\boldsymbol{A}^\dagger\boldsymbol{A}}$和$\|\boldsymbol{A}\|_{\mathrm{F}}=\sqrt{\mathrm{tr}(\boldsymbol{A}^\dagger\boldsymbol{A})}$。两个矩阵 $\boldsymbol{A}$ 和 $\boldsymbol{B}$ 之间的 Hilbert-Schmidt 内积是$\langle\boldsymbol{A},\boldsymbol{B}\rangle=\mathrm{tr}(\boldsymbol{A}^\dagger\boldsymbol{B})$。这些量之间有以下不等式关系：

$$|\langle\boldsymbol{A},\boldsymbol{B}\rangle|\leqslant\|\boldsymbol{A}\|_{\mathrm{F}}\|\boldsymbol{B}\|_{\mathrm{F}}, \tag{5.59}$$

$$\|\boldsymbol{A}\|_{\mathrm{F}}\leqslant\|\boldsymbol{A}\|_{\mathrm{tr}}. \tag{5.60}$$

事实上，不同定义的范数是等价的，如以下引理所示：

引理 5.5[147] 令$\|\cdot\|_\alpha$和$\|\cdot\|_\beta$是有限维向量空间 $\boldsymbol{V}$ 上的两个范数，那么存在两个正的常数 c_1 和 c_2，使得 $c_1\|x\|_\alpha\leqslant\|x\|_\beta\leqslant c_2\|x\|_\alpha$ 对所有 $x\in\boldsymbol{V}$ 成立。

显然，对于给定的有限维向量空间$\mathcal{H}$，$L(\mathcal{H})$也是一个有限维向量空间。因此，前面给出的 $L(\mathcal{H})$上的范数自然满足上述引理给出的性质。

对于定理 5.6 构造的用于模拟 MM-1gQFA 的 MO-LM

$$\mathcal{M}'=(Q,\Gamma,\{\Theta_\sigma\}_{\sigma\in\Gamma},\rho_0,Q_{\mathrm{acc}}),$$

令

$$\mathcal{S} = \text{span}\{\Theta_{\# w}(\rho_0) : w \in \Sigma^*\}, \tag{5.61}$$

其中，$\Theta_x = \Theta_{x_{|x|}} \circ \cdots \circ \Theta_{x_2} \circ \Theta_{x_1}$。那么有下面的结论：

引理 5.6 *存在正的常数 c 使得 $\|\Theta_{y\$}(\rho)\|_{\text{tr}} \leqslant c\|\rho\|_{\text{tr}}$ 对任意的 $\rho \in \mathcal{S}$ 和 $y \in \Sigma^*$ 成立。*

证明 首先可以找到$\mathcal{S}$的一组基：$\rho_1 = \Theta_{\# w_1}(\rho_0), \rho_2 = \Theta_{\# w_2}(\rho_0), \cdots, \rho_m = \Theta_{\# w_m}(\rho_0)$。请注意，对于 $\boldsymbol{A}, \boldsymbol{B} \in L(\mathcal{H}(Q))$，$\boldsymbol{A} \perp \boldsymbol{B}$ 意味着 $\langle \boldsymbol{A}, \boldsymbol{B}\rangle = \text{tr}\langle \boldsymbol{A}^\dagger \boldsymbol{B}\rangle = 0$。对于每一个 $1 \leqslant i \leqslant m$，令 $e_i \in L(\mathcal{H}(Q))$ 满足 $\|e_i\|_{\text{F}} = 1$，$e_i \perp \{\rho_j : j \neq i\}$ 且 $e_i \not\perp \rho_i$。那么 $\rho \in \mathcal{S}$ 可以线性表示为 $\rho = \sum_{i=1}^{m} \alpha_i \rho_i$，且有

$$\|\rho\|_{\text{F}} \geqslant |\langle e_i, \rho\rangle| = |\alpha_i| \cdot |\langle e_i, \rho_i\rangle|. \tag{5.62}$$

因此，有

$$\begin{aligned}
\|\Theta_{y\$}(\rho)\|_{\text{F}} &= \left\| \sum_{i=1}^{m} \alpha_i \Theta_{y\$}(\rho_i) \right\|_{\text{F}} = \left\| \sum_{i=1}^{m} \alpha_i \Theta_{\# w_i x\$}(\rho_0) \right\|_{\text{F}} \\
&\leqslant \sum_{i=1}^{m} |\alpha_i| \cdot \|\Theta_{\# w_i x\$}(\rho_0)\| \leqslant \sum_{i=1}^{m} |\alpha_i| \cdot \|\Theta_{\# w_i x\$}(\rho_0)\|_{\text{tr}} \\
&\qquad\qquad \text{(由式(5.60)得)} \\
&= \sum_{i=1}^{m} |\alpha_i| \text{tr}(\rho_0) = \sum_{i=1}^{m} |\alpha_i| \qquad \text{(由备注 5.5 得)} \\
&\leqslant \|\rho\|_{\text{F}} \sum_{i=1}^{m} 1/|\langle e_i, \rho_i\rangle| \qquad \text{(由式(5.62)得)} \\
&= K\|\rho\|_{\text{F}},
\end{aligned}$$

其中，$K = \sum_{i=1}^{m} 1/|\langle e_i, \rho_i\rangle|$ 是一个不依赖于 ρ 的常量。进而根据引理 5.21 和不等式(5.60)，有

$$\|\Theta_{y\$}(\rho)\|_{\text{tr}} \leqslant c_1 \|\Theta_{y\$}(\rho)\|_{\text{F}} \leqslant c_1 K \|\rho\|_{\text{F}} \leqslant c_1 K \|\rho\|_{\text{tr}}. \tag{5.63}$$

因此，只要令 $c = c_1 K$ 就完成了引理 5.6 的证明。 □

接下来给出 MM-1gQFA 所识别语言的刻画。

定理 5.7 *MM-1gQFA 以有界误差方式识别的语言为正则语言。*

证明 假设 L 被 MM-1gQFA $\mathcal{M} = (Q, \Sigma, \{\mathcal{E}_\sigma\}_{\sigma \in \Sigma \cup \{\#, \$\}}, \rho_0, Q_{\text{acc}}, Q_{\text{rej}})$ 以有界误差方式识别。根据识别语言的定义以及定理 5.6，存在 $\lambda \in [0,1)$，$\epsilon > 0$，以及一个 MO-LM $\mathcal{M}' = (Q, \Gamma, \{\Theta_\sigma\}_{\sigma \in \Gamma}, \rho_0, Q_{\text{acc}})(\Gamma = \Sigma \cup \{\#, \$\})$，使得 $f_{\mathcal{M}'}(\# x \$) \geqslant \lambda + \epsilon$ 对任意的 $x \in L$ 成立，且 $f_{\mathcal{M}'}(\# y \$) \leqslant \lambda - \epsilon$ 对任

意的 $y \notin L$ 成立。

定义Σ^*上的等价关系"$\equiv_L$"：$x \equiv_L y$ 当且仅当对任意的 $z \in \Sigma^*$，xz 属于 L，恰好 yz 属于 L。根据 Myhill-Nerode 定理(定理 5.2)，只需证明"$\equiv_L$"所生成的等价类的数目是有限的。

令 $S = \{\boldsymbol{A} : \|\boldsymbol{A}\|_{\mathrm{tr}} \leqslant 1, \boldsymbol{A}$ 是$\mathcal{H}(Q)$ 上的线性算子$\}$，则 S 是有限维空间的有界子集。令 $\rho_x = \Theta_{x_n} \circ \cdots \circ \Theta_{x_2} \circ \Theta_{x_1} \circ \Theta_{\#}(\rho_0)$，即$\mathcal{M}'$ 在读取输入串 $\# x$($x \in \Sigma^*$)之后的状态。那么对于每个 $x \in \Sigma^*$，有 $\rho_x \in S$，因为$\|\rho_x\|_{\mathrm{tr}} = \mathrm{tr}(\rho_x) = \mathrm{tr}(\rho_0) = 1$，这可由 5.2.1 节的最后部分的备注 5.5 推知。现在假设 $x \not\equiv_L y$，即存在一个字符串 $z \in \Sigma^*$ 使得 $xz \in L$ 但 $yz \notin L$，则有

$$\mathrm{tr}(\boldsymbol{P}_{\mathrm{acc}} \Theta_{z\$}(\rho_x)) \geqslant \lambda + \epsilon \text{ 和 } \mathrm{tr}(\boldsymbol{P}_{\mathrm{acc}} \Theta_{z\$}(\rho_y)) \leqslant \lambda - \epsilon. \tag{5.64}$$

记 $\overline{\boldsymbol{P}}_{\mathrm{acc}} = \boldsymbol{I} - \boldsymbol{P}_{\mathrm{acc}}$，则$\{\boldsymbol{P}_{\mathrm{acc}}, \overline{\boldsymbol{P}}_{\mathrm{acc}}\}$ 是空间$\mathcal{H}(Q)$ 上的 POVM 测量(确切地说，是一个投影测量)。注意，5.1.1 节介绍的引理 5.4 对于两个任意的半正定算子也是成立的，即对任意的两个半正定算子 $\boldsymbol{A}$ 和 $\boldsymbol{B}$，有

$$\|\boldsymbol{A} - \boldsymbol{B}\|_{\mathrm{tr}} = \max_{\{E_m\}} \sum_m |\mathrm{tr}(E_m \boldsymbol{A}) - \mathrm{tr}(E_m \boldsymbol{B})|, \tag{5.65}$$

其中，max 对所有的 POVM 测量$\{E_m\}$ 取最大值。上面式的证明可参考文献[148]。因此有

$$\begin{aligned} \|\mathcal{E}_{z\$}(\rho_x) - \mathcal{E}_{z\$}(\rho_y)\|_{\mathrm{tr}} \geqslant & |\mathrm{tr}(\boldsymbol{P}_{\mathrm{acc}} \mathcal{E}_{z\$}(\rho_x)) - \mathrm{tr}(\boldsymbol{P}_{\mathrm{acc}} \mathcal{E}_{z\$}(\rho_y))| \\ & + |\mathrm{tr}(\overline{\boldsymbol{P}}_{\mathrm{acc}} \mathcal{E}_{z\$}(\rho_x)) - \mathrm{tr}(\overline{\boldsymbol{P}}_{\mathrm{acc}} \mathcal{E}_{z\$}(\rho_y))| \end{aligned} \tag{5.66}$$

$$\geqslant 2\epsilon. \tag{5.67}$$

另外，根据引理 5.6，有

$$\|\rho_x - \rho_y\|_{\mathrm{tr}} \geqslant \frac{1}{c} \|\mathcal{E}_{z\$}(\rho_x) - \mathcal{E}_{z\$}(\rho_y)\|_{\mathrm{tr}}, \tag{5.68}$$

其中，c 是一个正的常量。因此，对于任意的满足 $x \not\equiv_L y$ 的两个字符串 $x, y \in \sum^*$，总有

$$\|\rho_x - \rho_y\|_{\mathrm{tr}} \geqslant \frac{1}{c} \times 2\epsilon. \tag{5.69}$$

现假设 $\equiv_L$ 生成的等价类是无限的，记为$[x^{(1)}]$，$[x^{(2)}]$，$[x^{(3)}]$，…。根据 S 的有界性，我们可以从序列$\{\rho_{x^{(n)}}\}_{n \in \mathbb{N}}$ 中提取出一个柯西序列$\{\rho_{x^{(n_k)}}\}_{k \in \mathbb{N}}$，即一个收敛子列。因此，存在满足 $x \not\equiv_L y$ 的 x 和 y，使得

$$\|\rho_x - \rho_y\|_{\mathrm{tr}} < \frac{1}{c} 2\epsilon. \tag{5.70}$$

这与不等式(5.69)相矛盾。所以假设不成立，即等价关系"$\equiv_L$"在Σ^*上生成的等价类是有限的，进而由定理5.2得出是正则语言。 □

上面证明了MM-1gQFA以有界误差方式识别的语言属于正则语言。另外，可用MM-1gQFA模拟MO-1gQFA，从而MM-1QFA能以有界误差方式识别所有的正则语言。因此，总结起来有如下结论。

定理5.8 MM-1gQFA以有界误差方式识别的语言类正好等于正则语言。

备注5.6 到目前为止没有一个单向QFA能够识别非正则语言，即使允许它执行最一般的操作——保迹量子运算。另外，在文献[13]中定义的双向QFA能够识别某些非正则语言。由此可见，影响QFA计算能力的关键因素是带头的移动方向，而不是输入字符所对应的操作。

5.2.3 等价性问题

本节讨论MM-1gQFA的等价性问题。在5.1.3节已经讨论了MO-1gQFA的等价性问题，与之相比，MM-1gQFA的等价性问题更难。然而，根据5.2.1节的处理方法，MM-1gQFA的等价性问题也能用与MO-1gQFA的等价性问题类似的方法解决。

MM-1gQFA的等价性定义与5.1.3节给出的MO-1gQFA的等价性定义相同，这里不再重复。下面直接给出结论。

定理5.9 两个MM-1gQFA $\mathcal{M}_i=(Q_i,\Sigma,\{\mathcal{E}_\sigma^{(i)}\}_{\sigma\in\Sigma\cup\{\#,\$\}},\rho_0^{(i)},Q_{acc}^{(i)},Q_{rej}^{(i)})(i=1,2)$是等价的，当且仅当它们是$(n_1^2+n_2^2-1)$-等价的，其中$n_i=|Q_i|,i=1,2$。

证明 由定理5.6可知，两个MM-1gQFA $\mathcal{M}_i(i=1,2)$可以分别用两个MO-LM $\mathcal{M}'_i=(Q_i,\Gamma,\{\Theta_\sigma^{(i)}\}_{\sigma\in\Gamma},\rho_0^{(i)},Q_{acc}^{(i)})$模拟，其中$\Gamma=\Sigma\cup\{\#,\$\}$。因此，只需要判定$\mathcal{M}'_1$和$\mathcal{M}'_2$的等价性。

请注意，MO-1gQFA与MO-LM的本质区别是：MO-1gQFA中的$\mathcal{E}_\sigma$是一个保迹量子运算，而MO-LM中的Θ_σ是一个一般的线性超算子。同时也注意到，如备注5.3所述，在引理5.3的证明过程中只用到了$\mathcal{E}_\sigma$的线性性，而没有用到其他性质，因此引理5.3对MO-LM也适用。所以，采用类似于定理5.5用到的技巧，马上可以得到上述定理的结论。 □

备注5.7 上面的结论对于MM-1gQFA的特殊情形——MM-1QFA

和 GQFA 也成立。虽然前面第 4 章已经讨论了 MM-1QFA 的等价性问题，这里将 MM-1QFA 视为 MM-1gQFA 的特殊情形，也可以得到 MM-1QFA 的等价性判断准则。此外，GQFA 的等价性问题以前没有讨论，这里一并解决。

5.3 本章小结

本章讨论了一般单向量子有限自动机(1gQFA)，在该模型中每个输入字符对应一个保迹量子运算。根据测量的次数，1gQFA 又可进一步分为两个子类：一个是 MO-1gQFA，该模型只在计算结束时才执行一次测量操作；另一个是 MM-1gQFA，该模型在计算过程中每读取一个输入字符都执行一次测量操作。尽管这两个模型允许执行最一般的量子操作，但本章证明它们以有界误差方式识别的语言类都正好等于正则语言。

本章也讨论了 MO-1gQFA 和 MM-1gQFA 的等价性问题。证明了两个 MO-1gQFA(或 MM-1gQFA)$\mathcal{M}_1$ 和$\mathcal{M}_2$ 是等价的，当且仅当它们是$(n_1^2+n_2^2-1)$-等价的，其中 n_1 和 n_2 分别是$\mathcal{M}_1$ 和$\mathcal{M}_2$ 的状态数。另外，也讨论了 MO-1gQFA 的闭包属性。

一般来讲，测量次数会影响单向 QFA 的计算能力。然而就 1gQFA 来说，测量次数对语言识别能力并没有影响。本章内容表明：到目前为止，没有一个单向 QFA 能够识别非正则语言，即使允许执行最一般的操作——保迹量子运算。另外，Kondacs 和 Watrous[13]介绍的双向 QFA 能够在线性时间内识别非正则语言 $L_{ep}=\{a^nb^n \mid n\geqslant 1\}$。因此，影响 QFA 计算能力的关键因素既不是输入字符所对应的操作，也不是测量的次数，而是带头的移动方向。

本章内容主要来自文献[57]，不过对原文中的结论做了一定的更新，主要是指等价性条件由$(n_1+n_2)^2$-等价改进为$(n_1^2+n_2^2-1)$-等价，这是因为在证明过程中做了一些更精细的处理。

另外，本章在处理 MM-1gQFA 的相关问题时用到了一个结论：一个 MM-1gQFA 可以被一个宽松的 MO-1gQFA 模型——MO-LM 模拟。最近的一个研究工作表明 MM-1gQFA 可以直接被 MO-1gQFA 模拟[63]，从而本章关于 MM-1gQFA 相关问题的讨论都可以做简化处理。不过在本书中，我们还是保持文献[57]中的方法。

6 量子自动机的最小化

本章讨论量子有限自动机(QFA)的最小化问题,即给定一个QFA,要找到一个状态数最小的同类型QFA与之等价。具体地,我们讨论以下几个模型的最小化问题:测量一次的单向量子有限自动机、测量多次的单向量子有限自动机,以及一般单向量子有限自动机。本章证明以上几个模型的最小化问题是可解的,即存在一个算法,对任意给定的一个上述自动机,可以找出一个状态数最小的同类型自动机与之等价。主要思路是把上述问题转换为解一组多项式等式或不等式,而后者是可解的。上述转换的一个重要基础是这些模型的等价性问题是可解的,这在第4章和第5章已经详细讨论过。另外,本章也会证明概率有限自动机的最小化问题是可解的。

6.1 最小化的主要思想

本章证明几类量子有限自动机及概率有限自动机的最小化问题是可解的,该结论依赖于两方面的结果:一个是这些计算模型的等价性问题是可解的,另一个是实有序域理论的可判定性[149-151]。

实有序域理论的可判定性是指这样的问题[151]:判断集合$\mathbb{S}=\{x\in\mathbb{R}^n: \boldsymbol{P}(x)\}$是否非空,其中$\boldsymbol{P}(x)$是一个谓词,它由形如$f_i(x)\geqslant 0$或$f_i(x)>0$的原子谓词通过布尔操作组合而成,$f$是实多项式(系数为有理数)。对于该判定性问题,有三个重要参数:①原子命题的个数m(多项式的个数);②变量的个数n;③所有多项式的最高次数d。

关于以上问题,Canny[150]得到过一个PSPACE的算法(空间复杂度是

关于参数 n、m、d 的多项式)，不过时间复杂度很高。后来，Renegar[151] 设计了一个时间复杂度为 $(md)^{O(n)}$ 的算法。Renegar 的算法在时间复杂度方面是渐进最优的。进一步，若 $\mathbb{S}$ 非空，还存在一个算法可以找到 $\mathbb{S}$ 的一个元素，算法的空间复杂度为 $\tau d^{O(n)}$，其中假定每个原子命题的系数所用空间最多为 τ(可参考文献[149]，第 518 页)。把上述结论总结起来，得如下定理。

定理 6.1[149-151] 设 P 是一个谓词，它由形如 $f_i(x)\geqslant 0$ 或 $f_i(x)>0$ 的原子谓词通过布尔操作组合而成，其中 f 是实多项式。存在一个算法可在多项式(关于参数 n、m、d 的多项式)空间内判定集合 $\mathbb{S}=\{x\in\mathbb{R}^n:\boldsymbol{P}(x)\}$ 是否非空，即该判定性问题属于复杂类 PSPACE，其中 m 是原子命题的个数，n 是变量的个数，d 是所涉及的多项式的最高次数。对于上述问题也存在一个时间复杂度为 $(md)^{O(n)}$ 的算法。进一步，若 $\mathbb{S}=\{x\in\mathbb{R}^n:\boldsymbol{P}(x)\}$ 非空，则存在一个空间复杂度为 $\tau d^{O(n)}$ 的算法，可找到 $\mathbb{S}$ 的一个元素，其中假定每个原子命题的系数所用空间最多为 τ。

后文中量子有限自动机最小化问题的解决有赖于上述定理。不过，由于量子有限自动机是定义在复数域上的，而上述定理是关于实数域的，因此需要先把复数域上的问题转换到实数域上。这可以通过以下观察实现。

备注 6.2 任意一个复数 $z=x+yi$ 可由两个实数 x 和 y 确定，而任意一个复多项式 $f(z)(z\in\mathbb{C}^n)$ 可以等价地表示为 $f(z)=f_1(x,y)+if_2(x,y)$，其中 $(x,y)\in\mathbb{R}^{2n}$ 是 z 的实数表示，f_1 和 f_2 是两个实多项式。现假设集合 $\mathbb{S}'$ 与上面 $\mathbb{S}$ 的定义类似，只是它是定义在复数域上的，所含复变量个数为 n，所含复多项式个数为 m。则 $\mathbb{S}'$ 可等价地表示为实数域上的集合 $\mathbb{S}$，其中含有 $2n$ 个实变量和 $2m$ 个实多项式。

除了前面的定理 6.1，本章的另一个重要基础是量子有限自动机和概率有限自动机等价性问题的可解性。两个量子(概率)有限自动机等价，是指它们对任意的输入接受概率相等。前面第 4 章及第 5 章已经针对一些主要的量子有限自动机模型详细讨论了上述问题，其中证明：要保证两个量子(概率)有限自动机等价，只要它们对长度小于某个界值的输入串接受概率相等即可。

基于上述结论，可以证明概率有限自动机和一些量子有限自动机的最小化问题是可解的。尽管针对不同的模型证明过程所涉及的技术细节会有所不同，但是它们的主要解决思路是一致的。下面先大致描述一下解决最

小化问题的主要思路:

1. 对于给定的自动机$\mathcal{A}$,定义集合

$\mathbb{S}_{\mathcal{A}}^{(n')}=\{\mathcal{A}' : \mathcal{A}'$是和$\mathcal{A}$同类型的自动机,有 n'个状态,并且等价于$\mathcal{A}\}$.

2. 证明$\mathbb{S}_{\mathcal{A}}^{(n')}$可以用一组多项式等式或不等式的布尔组合表示。从而由定理 6.1 知,存在算法判定$\mathbb{S}_{\mathcal{A}}^{(n')}$是否非空;如果非空,还可以找到它的一个元素,即得到一个$\mathcal{A}'$等价于$\mathcal{A}$。

3. 根据以上过程,最小化算法可由算法 6.1 给出,其中 sample($\mathbb{S}_{\mathcal{A}}^{(i)}$)表示取集合$\mathbb{S}_{\mathcal{A}}^{(i)}$中的一个元素(样本)。

输入:一个 n-态自动机$\mathcal{A}$

输出:一个最小自动机$\mathcal{A}'$,它和$\mathcal{A}$属于同一种类型并且等价于$\mathcal{A}$

第一步:

从 $i=1$ 到 $n-1$

如果($\mathbb{S}_{\mathcal{A}}^{(i)}$ 非空)返回$\mathcal{A}'=$sample($\mathbb{S}_{\mathcal{A}}^{(i)}$)

第二步:

返回$\mathcal{A}'=\mathcal{A}$

算法 6.1　最小化算法

虽然针对不同类型的自动机,证明$\mathbb{S}_{\mathcal{A}}^{(n')}$可用多项式等式或不等式组表示的技术在细节上有所不同,但是它们的基本步骤是相同的,如下所示:

首先,自动机的属性,比如“初始向量是一个概率分布(或单位向量)”“转移矩阵是随机矩阵(或酉矩阵)”等,都可以用多项式等式或不等式表示。

其次,自动机对某个给定输入串的接受概率可以表示为一个多项式。

最后,对某种给定类型的自动机模型,判定两个机器是否等价只需验证它们对长度小于或等于某个界值的输入串接受概率是否相等。因此,两个机器等价也可以用一组多项式等式表示。

接下来我们把上述过程具体应用到几个自动机模型上,包括概率有限自动机、测量一次的单向量子有限自动机、测量多次的单向量子有限自动机,以及一般单向量子有限自动机。尽管如上所述,它们的最小化过程比较相似,但是在后续内容中我们还是会详细地给出每个模型的最小化过程,以确保清楚明了。

6.2 概率有限自动机的最小化

首先回顾一下概率有限自动机的相关概念。如第 4 章所示，可将一个概率有限自动机表示为一个四元组

$$\mathcal{A}=(\pi,\ \Sigma,\{\boldsymbol{M}(\sigma)\}_{\sigma\in\Sigma},\eta),$$

其中，Σ 为有限输入字母表；$\pi\in\mathbb{R}^{n\times1}$ 是一个随机向量；$\eta\in\mathbb{R}^{1\times n}$ 的元素取值为 0 或 1；对任意的 $\sigma\in\Sigma$，$\boldsymbol{M}(\sigma)\in\mathbb{C}^{n\times n}$，是一个随机矩阵，$n$ 称为机器的状态数。自动机$\mathcal{A}$接受输入串 $\sigma_1\sigma_2\cdots\sigma_k$ 的概率是

$$P_{\mathcal{A}}(\sigma_1\sigma_2\cdots\sigma_k)=\eta\boldsymbol{M}(\sigma_k)\cdots\boldsymbol{M}(\sigma_1)\pi. \tag{6.1}$$

两个具有相同输入字母表Σ 的概率有限自动机$\mathcal{A}_1$ 和$\mathcal{A}_2$ 等价(k- 等价)，是指 $P_{\mathcal{A}_1}(w)=P_{\mathcal{A}_2}(w)$ 对任意的 $w\in\Sigma^*$ 成立(对长度满足 $|w|\leqslant k$ 的输入 w 成立)。概率有限自动机的等价性问题已经解决，在第 4 章已介绍过相关结论。为了提高可读性，这里再回顾一下。

定理 6.3 两个概率有限自动机$\mathcal{A}_1$ 和$\mathcal{A}_2$ 等价，当且仅当它们是(n_1+n_2-1)- 等价的，其中 n_1 和 n_2 分别是$\mathcal{A}_1$ 和$\mathcal{A}_2$ 的状态数。

下面给出概率有限自动机最小化的结论，该结论要以前面的定理 6.1 和定理 6.3 为基础。

定理 6.4 概率有限自动机的最小化问题属于复杂性类 EXPSPACE。

证明 给定概率有限自动机$\mathcal{A}=(\pi,\Sigma,\{\boldsymbol{M}(\sigma)\}_{\sigma\in\Sigma},\eta)$，目标是要找到另一个概率有限自动机$\mathcal{A}'$，使之与$\mathcal{A}$等价，且在所有的与$\mathcal{A}$等价的概率有限自动机中状态数最小。根据 6.1 节的思路，证明过程如下：

对于给定的概率有限自动机$\mathcal{A}$，设其状态数为 n，定义集合

$$\mathbb{S}_{\mathcal{A}}^{(n')}=\{\mathcal{A}':\mathcal{A}'\text{ 是与}\mathcal{A}\text{等价的概率有限自动机，状态数为 }n'\}.$$

最小化算法如算法 6.2 所示。

为了验证算法的正确性，需要证明以下两个问题是可判或者可解的：① 判断 $\mathbb{S}_{\mathcal{A}}^{(i)}$ 是否非空，② 找到$\mathbb{S}_{\mathcal{A}}^{(i)}$ 的一个元素。要证明上述结论，只需证明 $\mathbb{S}_{\mathcal{A}}^{(n')}$ 可由一组多项式等式或不等式的布尔组合表示即可。

输入:一个 n- 态概率有限自动机$\mathcal{A}$
输出:一个等价于$\mathcal{A}$的最小概率有限自动机$\mathcal{A}'$
第一步:
从 $i=1$ 到 $n-1$
如果($\mathbb{S}_{\mathcal{A}}^{(i)}$ 非空) 返回$\mathcal{A}'=\text{sample}\mathbb{S}_{\mathcal{A}}^{(i)}$
第二步:
返回$\mathcal{A}'=\mathcal{A}$

算法 6.2　概率有限自动机的最小化

令概率有限自动机$\mathcal{A}'=(\pi',\Sigma,\{\boldsymbol{M}'(\sigma)\}_{\sigma\in\Sigma},\eta')$,设 $\pi'_0=(x_1,x_2,\cdots,x_{n'})^{\mathrm{T}}$。由于 π'_0 是一个随机向量,因此满足

$$\sum_{i=1}^{n'}x_i=1\text{ 和 }x_i\geqslant 0,i=1,2,\cdots,n'.\tag{6.2}$$

所以,π'_0 可由 $n'+1$ 个多项式等式或不等式表示,它们含有 n' 个变量。

对任意的 $\sigma\in\Sigma$,$\boldsymbol{M}'(\sigma)$ 是一个 $n'\times n'$ 的随机矩阵,令 $\boldsymbol{M}'(\sigma)=[m_{ij}(\sigma)]$。因此有

$$\sum_{i=1}^{n'}m_{ij}(\sigma)=1,j=1,2,\cdots,n'\tag{6.3}$$

和

$$m_{ij}(\sigma)\geqslant 0,i,j=1,2,\cdots,n'.\tag{6.4}$$

因此,"$\boldsymbol{M}'(\sigma)$ 是一个 $n'\times n'$ 的随机矩阵"可以用 n'^2+n' 个多项式等式或不等式表示,它们含有 n'^2 个变量。$\boldsymbol{M}'(\sigma)$ 的总个数是 $|\Sigma|$。

向量 $\eta=(\eta_1,\eta_2,\cdots,\eta_{n'})$ 的元素只能取值为 0 或 1,这可以用 n' 个多项式等式表示如下:

$$\eta_i(\eta_i-1)=0,i=1,2,\cdots,n'.\tag{6.5}$$

因为$\mathcal{A}'$ 与$\mathcal{A}$等价,根据定理 6.3,有

$$P_{\mathcal{A}'}(x)=P_{\mathcal{A}}(x)\tag{6.6}$$

对长度满足 $|x|\leqslant n+n'-1$ 的 $x\in\Sigma^*$ 成立。$\mathcal{A}'$ 的接受概率为

$$P_{\mathcal{A}'}(x)=\eta'\boldsymbol{M}'(x_{|x|})\cdots\boldsymbol{M}'(x_2)\boldsymbol{M}(x_1)\pi'_0.\tag{6.7}$$

显然,式(6.7) 是一个多项式,它的变量来自于 π'_0、$\boldsymbol{M}'_0$ 和 η' 中的变量,它的次数是 $2+|x|$。因此,对于满足 $|x|\leqslant n+n'-1$ 的 $x\in\Sigma^*$,式(6.6) 是一个多项式等式,因为左侧是一个多项式,右侧对于给定的$\mathcal{A}$是个定值(当然,计算这个值需要花费一定的时间)。要把$\mathcal{A}'$ 和$\mathcal{A}$等价这一事实描述清楚,所需

如式(6.6)的多项式等式的个数是

$$P = 1 + |\Sigma|^1 + |\Sigma|^2 + \cdots + \Sigma|^{n+n'-1}.$$

上述结论总结起来，即有：对于给定的概率有限自动机$\mathcal{A}$，设其输入字母表为Σ，任意一个与$\mathcal{A}$等价的n'-态概率有限自动机$\mathcal{A}' \in \mathbb{S}_{\mathcal{A}}^{(n')}$可用向量$\boldsymbol{x} \in \mathbb{R}^{|\Sigma|n'^2+2n'}$表示，该向量满足一组多项式等式或不等式，它们由式(6.2)至(6.6)给出。所需多项式的总数是

$$M = n' + 1 + |\Sigma|(n' + n'^2) + n' + P.$$

这些多项式的最高次数是

$$d = 2 + (n + n' - 1).$$

因此，由定理6.1可知，存在一个算法，对任意的$n' \leqslant n$可判断$\mathbb{S}_{\mathcal{A}}^{(n')}$是否非空，算法所耗时间是

$$(Md)^{O(|\Sigma|n'^2+2n')} = (n^3|\Sigma| + n|\Sigma|^n)^{O(|\Sigma|n^2)}.$$

如果把$|\Sigma|$看成常量，则时间复杂度是$2^{O(n^3)}$。进一步，如果$\mathbb{S}_{\mathcal{A}}^{(n')}$非空，则存在算法可找到$\mathbb{S}_{\mathcal{A}}^{(n')}$的一个元素，其空间复杂度是

$$\tau d^{O(|\Sigma|n'^2+2n')} = \tau n^{O(|\Sigma|n^2)}.$$

如果把$|\Sigma|$看成常量，则空间复杂度是$\tau 2^{O(n^3)}$。

因此，算法6.2描述的过程可以用来找到一个与给定概率有限自动机等价的最小概率有限自动机。 □

6.3　测量一次的单向量子有限自动机的最小化

一个测量一次的单向量子有限自动机(MO-1QFA)是一个五元组

$$\mathcal{A} = (Q, \Sigma, \{\boldsymbol{U}(\sigma)\}_{\sigma\in\Sigma}, |\varphi_0\rangle, Q_{\mathrm{acc}}),$$

其中，Q是有限状态集；$|\varphi_0\rangle$是初始状态，它是一个单位向量；Σ是有限输入字母表，对任意的$\sigma \in \Sigma$，$\boldsymbol{U}(\sigma)$是酉矩阵，$Q_{acc} \subseteq Q$是接受状态集。对于给定输入$x = x_1x_2\cdots x_m \in \Sigma^*$，$\mathcal{A}$的接受概率是

$$P_{\mathcal{A}}(x_1x_2\cdots x_m) = \left\| \boldsymbol{P}_{\mathrm{acc}} \prod_{i=1}^{n} \boldsymbol{U}(x_i) |\varphi_0\rangle \right\|^2, \tag{6.8}$$

其中,$\boldsymbol{P}_{\mathrm{acc}}=\sum_{q\in Q_{\mathrm{acc}}}|q\rangle\langle q|$ 是到子空间 $\mathrm{span}\{|q\rangle: q\in Q_{\mathrm{acc}}\}$ 上的投影算子。

关于 MO-1QFA 的等价性问题,第 4 章有以下结论:

定理 6.5 两个 MO-1QFA $\mathcal{A}_1$ 和 $\mathcal{A}_2$ 等价,当且仅当它们是 $(n_1^2+n_2^2-1)$- 等价的,其中 n_1 和 n_2 分别是 $\mathcal{A}_1$ 和 $\mathcal{A}_2$ 的状态数。

基于定理 6.1 和定理 6.5,可得到下面的定理。

定理 6.6 MO-1QFA 的最小化问题属于复杂性类 EXPSPACE。

证明 给定 MO-1QFA $\mathcal{A}=(Q,\Sigma,\{\boldsymbol{U}(\sigma)\}_{\sigma\in\Sigma},|\varphi_0\rangle,Q_{\mathrm{acc}})$,目标是要找到另一个 MO-1QFA $\mathcal{A}'$,使之与 $\mathcal{A}$ 等价,且在所有的与 $\mathcal{A}$ 等价的 MO-1QFA 中状态数最小。根据 6.1 节的思路,证明过程如下:

对于给定的 MO-1QFA $\mathcal{A}$,设 $|Q|=n$,定义集合

$$\mathbb{S}_{\mathcal{A}}^{(n')}=\{\mathcal{A}': \mathcal{A}' \text{ 是一个等价于} \mathcal{A} \text{的 MO-1QFA,状态数为 } n'\}.$$

最小化算法如算法 6.1 所示,只是输入输出都换成 MO-1QFA。现在关键的步骤是证明 $\mathbb{S}_{\mathcal{A}}^{(n')}$ 可由一组多项式等式或不等式表示。

令 MO-1QFA $\mathcal{A}'=(Q',\Sigma,\{\boldsymbol{U}'(\sigma)\}_{\sigma\in\Sigma},|\varphi'_0\rangle,Q'_{\mathrm{acc}})$,设 $|\varphi'_0\rangle=(x_1,x_2,\cdots,x_{n'})^{\mathrm{T}}$ 是 $\mathbb{C}^{n'}$ 中的单位向量。所以有

$$\sum_{i=1}^{n'}x_ix_i^*=1. \tag{6.9}$$

因此,结合备注 6.2,$|\varphi'_0\rangle$ 可以由两个实多项式等式表示,它们含有 $2n'$ 个实变量。

对于任意的 $\sigma\in\Sigma$,$\boldsymbol{U}'(\sigma)$ 是一个 $n'\times n'$ 的酉矩阵,设为 $\boldsymbol{U}'(\sigma)=[u_{ij}(\sigma)]$。则有

$$[u_{ij}(\sigma)]\times[u_{ij}(\sigma)]^\dagger=\boldsymbol{I}. \tag{6.10}$$

因此,$\boldsymbol{U}'(\sigma)$ 可由 $2n'^2$ 个实多项式等式表示,它们含有实变量的个数是 $2n'^2$。注意到,$\boldsymbol{U}'(\sigma)$ 的总个数是 $|\Sigma|$。

接受状态集 Q'_{acc} 可以用一个 n' 维的向量 $|\eta_{acc}\rangle=(\eta_1,\eta_2,\cdots,\eta_{n'})^{\mathrm{T}}$ 来刻画,其元素取值为 0 或 1;$\eta_i=1$ 表示状态 q_i 是接受态,$\eta_i=0$ 表示状态 q_i 不是接受态。因此,接受状态集 Q'_{acc} 可由含 n' 个实变量的多项式等式来表示,形如

$$\eta_i(\eta_i-1)=0, i=1,2,\cdots,n'. \tag{6.11}$$

因为 $\mathcal{A}'$ 与 $\mathcal{A}$ 等价,根据定理 6.5,有

$$P_{\mathcal{A}'}(x)=P_{\mathcal{A}}(x) \tag{6.12}$$

对满足 $|x|\leqslant n^2+n'^2-1$ 的 $x\in\Sigma^*$ 成立。$\mathcal{A}'$ 接受输入 x 的概率可表示为

$$P_{\mathcal{A}'}(x) = \| \boldsymbol{P}'_{acc}\boldsymbol{U}'(x) \mid \varphi'_0\rangle \|^2$$
$$= \sum_{i=1}^{n'} |\langle \eta_i \mid \boldsymbol{U}'(x) \mid \varphi'_0\rangle^2$$
$$= \sum_{i=1}^{n'} \langle \eta_i \mid \otimes \langle \eta_i \mid^* \boldsymbol{U}'(x) \otimes \boldsymbol{U}'(x)^* \mid \varphi'_0\rangle \otimes \mid \varphi'_0\rangle^* \quad (6.13)$$

其中，$\boldsymbol{U}'(x) = \boldsymbol{U}'(x_{|x|})\cdots\boldsymbol{U}'(x_2)\boldsymbol{U}'(x_1)$，$\langle \eta_i \mid$ 是一个 n' 维的行向量，它的第 i 个元素的值等于 $\mid \eta_{acc}\rangle$ 的第 i 个元素的值，其他元素为 0。显然，式(6.13)的值为实数，并且可以用一个实多项式表示，所涉及的变量来自于描述 $\mid \varphi'_0\rangle$、$\boldsymbol{U}'(\sigma)$ 和 Q'_{acc} 的变量。该多项式的次数是 $2|x|+4$。

因此，对于满足 $|x| \leqslant n^2 + n'^2 - 1$ 的 $x \in \Sigma^*$，式(6.12)可以用一个实多项式等式表示，因为式左侧如刚才所示是一个实多项式，右侧对于给定的 MO-1QFA $\mathcal{A}$ 是一个定值。根据定理 6.5，要把 $\mathcal{A}'$ 和 $\mathcal{A}$ 等价的事实描述清楚，所需形如式(6.12)的多项式等式的总数是

$$P = 1 + |\Sigma|^1 + |\Sigma|^2 + \cdots + |\Sigma|^{n^2+n'^2-1}.$$

上述结论总结起来，即有：对于给定的 MO-1QFA $\mathcal{A}$，设其输入字母表为 Σ，任意一个与 $\mathcal{A}$ 等价的 n'- 态 MO-1QFA $\mathcal{A}' \in \mathbb{S}_{\mathcal{A}}^{(n')}$ 可以用一个实向量 $\boldsymbol{x} \in \mathbb{R}^{2|\Sigma|n'^2+3n'}$ 表示，该向量满足一组实多项式等式，它们由式(6.9)至(6.12)给出。所需实多项式的总数是

$$M = 2 + 2|\Sigma|n'^2 + n' + P.$$

这些多项式的最高次数是

$$d = 2(n^2 + n'^2 - 1) + 4.$$

因此，由定理 6.1 可知，存在一个算法，对任意的 $n' \leqslant n$ 可判断 $\mathbb{S}_{\mathcal{A}}^{(n')}$ 是否非空，算法所耗时间是

$$(Md)^{O(2|\Sigma|n'^2+3n')} = (n^4|\Sigma| + n^2|\Sigma|^{n^2})^{O(|\Sigma|n^2)}.$$

如果把 $|\Sigma|$ 看成常量，则时间复杂度是 $2^{O(n^5)}$。进一步地，如果 $\mathbb{S}_{\mathcal{A}}^{(n')}$ 非空，则存在算法可找到 $\mathbb{S}_{\mathcal{A}}^{(n')}$ 的一个元素，其空间复杂度是

$$\tau d^{O(2|\Sigma|n'^2+3n')} = \tau(n^2|\Sigma|)^{O(|\Sigma|n^2)}.$$

如果把 $|\Sigma|$ 看成常量，则空间复杂度为 $\tau 2^{O(n^3)}$。

因此，如算法 6.1 所示的过程可以用来找到一个与给定 MO-1QFA 等价的最小 MO-1QFA。 □

6.4　测量多次的单向量子有限自动机的最小化

首先回顾一下测量多次的单向量子有限自动机(MM-1QFA)的相关概念。一个 MM-1QFA 是一个六元组

$$\mathcal{A}=(Q,\Sigma,\{\boldsymbol{U}(\sigma)\}_{\sigma\in\{\$\}\cup\Sigma},|\varphi_0\rangle,Q_{\text{acc}},Q_{\text{rej}}),$$

其中,Q是有限状态集;Σ 是有限输入字母表,记 $\Gamma=\Sigma\cup\{\$\}$ 为带符号集,$\$\notin\Sigma$ 为结束标记符;$|\varphi_0\rangle$ 是初始态,满足 $\||\varphi_0\rangle\|=1$;对任意的 $\sigma\in\Gamma$,$\boldsymbol{U}(\sigma)$ 是酉矩阵;Q 分为不相交的三部分:接受状态集 Q_{acc}、拒绝状态集 Q_{rej} 和非停止状态集 Q_{non},对应地有三个投影算子 $\boldsymbol{P}_{\text{non}}$、$\boldsymbol{P}_{\text{acc}}$ 和 $\boldsymbol{P}_{\text{rej}}$,它们分别是到 Q_{non}、Q_{acc} 和 Q_{rej} 所生成子空间的投影算子。

MM-1QFA $\mathcal{A}$的输入都以 \$ 为结束符,形如 $\sigma_1\sigma_2\cdots\sigma_n\$$,其中 $\sigma_i\in\Sigma$。$\mathcal{A}$对输入串的接受概率为

$$P_{\mathcal{A}}(\sigma_1\cdots\sigma_n)=\sum_{k=1}^{n+1}\left\|\boldsymbol{P}_{\text{acc}}\boldsymbol{U}(\sigma_k)\prod_{i=1}^{k-1}(\boldsymbol{P}_{\text{non}}\boldsymbol{U}(\sigma_i))|\varphi_0\rangle\right\|^2,\tag{6.14}$$

其中,$\$=\sigma_{n+1}$,$\prod_{i=1}^{n}\boldsymbol{A}_i=\boldsymbol{A}_n\boldsymbol{A}_{n-1}\cdots\boldsymbol{A}_1$。

关于MM-1QFA的等价性问题在第4章已经详细讨论过,这里只回顾一下主要结论,它是解决最小化问题的基础。

定理6.7　两个MM-1QFA $\mathcal{A}_1$ 和$\mathcal{A}_2$ 等价,当且仅当它们是$(n_1^2+n_2^2-1)$-等价的,其中 n_1 和 n_2 分别是$\mathcal{A}_1$ 和$\mathcal{A}_2$ 的状态数。

基于定理6.1和定理6.7,可以得到下面的定理。

定理6.8　MM-1QFA的最小化问题属于复杂性类 EXPSPACE。

证明　给定 MM-1QFA $\mathcal{A}=(Q,\Sigma,\{\boldsymbol{U}(\sigma)_{\sigma\in\{\$\}\cup\Sigma},|\varphi_0\rangle,Q_{\text{acc}},Q_{\text{rej}}\})$,目标是要找到另一个与$\mathcal{A}$等价的 MM-1QFA $\mathcal{A}'$,它在所有的与$\mathcal{A}$等价的 MM-1QFA 中状态数最小。

对于给定的MM-1QFA $\mathcal{A}$,设$|Q|=n$,定义集合

$$\mathbb{S}_{\mathcal{A}}^{(n')}=\{\mathcal{A}':\mathcal{A}'\text{ 是一个与}\mathcal{A}\text{等价的 MM-1QFA,状态数为 }n'\}.$$

最小化算法如算法6.1所示,只是其中的输入、输出都换成MM-1QFA。为了说明

算法的正确性,根据定理 6.1,只需证明$\mathbb{S}_{\mathcal{A}}^{(n')}$可由一组多项式等式或不等式表示。

令 MM-1QFA $\mathcal{A}'=(Q',\Sigma,\{\boldsymbol{U}'(\sigma)\}_{\sigma\in\Sigma},|\varphi'_0\rangle,Q'_{\text{acc}},Q'_{\text{rej}})$。与前面关于 MO-1QFA 的讨论类似,可得:① $|\varphi'_0\rangle$ 可由 2 个实多项式等式表示,它们涉及的实变量个数为 $2n'$;② 每个 $\boldsymbol{U}'(\sigma)$ 可由 $2n'^2$ 个实多项式等式表示,它们含有实变量的个数是 $2n'^2$;③ 接受状态集 Q'_{acc} 可由一个 n' 维的向量 $|\eta_{\text{acc}}\rangle=(\eta_1,\eta_2,\cdots,\eta_{n'})^{\mathrm{T}}$ 刻画,它满足 n' 个形如 $\eta_i(\eta_i-1)=0$ 的多项式等式。

类似地,非停止状态集 Q'_{non} 也可以由一个 n' 维的向量 $|\tau_{\text{non}}\rangle=(\tau_1,\tau_2,\cdots,\tau_{n'})^{\mathrm{T}}$ 刻画,其元素取值为 0 或 1;$\tau_i=1$ 表示状态 q_i 是非停止态,$\tau_i=0$ 表示状态 q_i 是停止态。因此,集合 Q'_{non} 可以由 n' 个实变量表示,它们满足以下多项式等式:

$$\tau_i(\tau_i-1)=0,i=1,\cdots,n'. \tag{6.15}$$

因为$\mathcal{A}'$与$\mathcal{A}$等价,根据定理 6.7,有

$$P_{\mathcal{A}'}(x)=P_{\mathcal{A}}(x) \tag{6.16}$$

对长度满足$|x|\leqslant n^2+n'^2-1$ 的 $x\in\Sigma^*$ 成立。

$\mathcal{A}'$ 对输入 x 的接受概率可表示为(记 $\$=\sigma_{|x|+1}$):

$$\begin{aligned}P_{\mathcal{A}'}(x)&=\sum_{k=1}^{|x|+1}\left\|\boldsymbol{P}'_{\text{acc}}\boldsymbol{U}'(x_k)\prod_{i=1}^{k-1}(\boldsymbol{P}'_{\text{non}}\boldsymbol{U}'(x_i))|\varphi'_0\rangle\right\|^2\\&=\sum_{k=1}^{|x|+1}\sum_{j=1}^{n'}\left|\langle\eta_j|\boldsymbol{U}'(x_k)\prod_{i=1}^{k-1}\boldsymbol{A}'(x_i)|\varphi'_0\rangle\right|^2\\&=\sum_{j=1}^{n'}\langle\eta_j|\otimes\langle\eta_j|^*\sum_{k=1}^{|x|+1}\left(\left[\boldsymbol{U}'(x_k)\prod_{i=1}^{k-1}\boldsymbol{A}'(x_i)\right]\right.\\&\qquad\left.\otimes\left[\boldsymbol{U}'^*(x_k)\prod_{i=1}^{k-1}\boldsymbol{A}'^*(x_i)\right]\right)|\varphi'_0\rangle\otimes|\varphi'_0\rangle^*\end{aligned} \tag{6.17}$$

式中:

- $\langle\eta_i|$ 是一个 n' 维的行向量,它的第 j 个元素等于 $|\eta_{\text{acc}}\rangle=(\eta_1,\eta_2,\cdots,\eta_{n'})^{\mathrm{T}}$的第 j 个元素,其他元素为 0。
- $\boldsymbol{A}'(x_i)=\boldsymbol{P}'_{\text{non}}\boldsymbol{U}'(x_i)=\operatorname{diag}[\tau_1,\tau_2,\cdots,\tau'_n]\boldsymbol{U}'(x_i)$,其中 τ_i 取自于前面定义的向量 $|\tau_{\text{non}}\rangle=(\tau_1,\tau_2,\cdots,\tau_{n'})^{\mathrm{T}}$。

式(6.17)总是取得实值,并且可用一个实多项式表示,多项式的变量来自于描述 $|\varphi'_0\rangle$,$\boldsymbol{U}'(\sigma)$,Q'_{acc} 和 Q'_{non} 的变量。同时注意到,式(6.17)中的多项式可看成$|x|+1$ 个多项式的和,即 k 取值从 1 到$|x|+1$。当 $k=|x|+1$ 时,多项式的次数达到最大值 $4|x|+6$。

因此,对于满足$|x|\leqslant n^2+n'^2-1$ 的 $x\in\Sigma^*$,式(6.16)可由一个实多项

式等式表示，因为左侧如上所述是一个实多项式，右侧对于给定的MM-1QFA $\mathcal{A}$是个定值。要把$\mathcal{A}'$和$\mathcal{A}$等价的事实描述清楚，所需形如式(6.16)的多项式等式的个数是

$$P = 1 + |\Sigma|^1 + |\Sigma|^2 + \cdots + |\Sigma|^{n^2+n'^2-1}.$$

上述结论总结起来，即有：对于给定的MM-1QFA $\mathcal{A}$，设其输入字母表为Σ，任意一个与$\mathcal{A}$等价的n'-态MM-1QFA $\mathcal{A}' \in \mathbb{S}_{\mathcal{A}}^{(n')}$可以用一个实向量$\boldsymbol{x} \in \mathbb{R}^{2(|\Sigma|+1)n'^2+4n'}$表示，该向量满足一组实多项式等式，它们由式(6.9)至(6.11)及式(6.15)和(6.16)给出。所需实多项式的总数是

$$M = 2 + 2(|\Sigma|+1)n'^2 + 2n' + P.$$

这些多项式的最高次数为

$$d = 4(n^2 + n'^2 - 1) + 6.$$

因此，由定理6.1可知，存在一个算法，对任意的$n' \leqslant n$可判定$\mathbb{S}_{\mathcal{A}}^{(n')}$是否非空，算法所耗时间是

$$(Md)^{O(2(|\Sigma|+1)n'^2+4n')} = (n^4|\Sigma| + n^2|\Sigma|)^{O(|\Sigma|n^2)}.$$

如果把$|\Sigma|$看成常量，则时间复杂度是$2^{O(n^5)}$。进一步地，如果$\mathbb{S}_{\mathcal{A}}^{(n')}$非空，则存在一个算法可找到$\mathbb{S}_{\mathcal{A}}^{(n')}$的一个元素，空间复杂度为

$$\tau d^{O(2(|\Sigma|n'^2+4n'))} = \tau(n^2|\Sigma|)^{O(|\Sigma|n^2)}.$$

如果把$|\Sigma|$看成常量，则空间复杂度为$\tau 2^{O(n^3)}$。

因此，如算法6.1所示的过程可以用来找到一个与给定MM-1QFA等价的最小MM-1QFA。 □

6.5 一般单向量子有限自动机的最小化

一般单向量子有限自动机(1gQFA)包含两个子类：测量一次的一般单向量子有限自动机(MO-1gQFA)和测量多次的一般单向量子有限自动机(MM-1gQFA)。本节证明这两个模型的最小化问题也是可解的。下面先介绍一些预备知识，在后面要用到。

6.5.1 预备知识

线性映射 vec：$\mathbb{C}^{n\times n}\rightarrow\mathbb{C}^{n^2}$ 把一个 $n\times n$ 的矩阵映射为一个 n^2 维的列向量，定义如下：

$$\mathrm{vec}(\boldsymbol{A})((i-1)n+j)=\boldsymbol{A}(i,j). \tag{6.18}$$

换句话说，vec($\boldsymbol{A}$)把矩阵 $\boldsymbol{A}$ 中的行转置，然后由上往下依次排成一列。例如，设

$$\boldsymbol{A}=\begin{pmatrix} a & b \\ c & d \end{pmatrix}. \tag{6.19}$$

则有

$$\mathrm{vec}(\boldsymbol{A})=\begin{pmatrix} a \\ b \\ c \\ d \end{pmatrix}. \tag{6.20}$$

令$|i\rangle$是一个 n 维的列向量，它的第 i 个元素为 1，其他元素为 0，则$\{|i\rangle\langle j|:i,j=1,2,\cdots,n\}$是线性空间$\mathbb{C}^{n\times n}$的一组基。因此，线性映射 vec 可以如下定义：

$$\mathrm{vec}(|i\rangle\langle i|)=|i\rangle|j\rangle. \tag{6.21}$$

设 $\boldsymbol{A},\boldsymbol{B},\boldsymbol{C}$ 是 $n\times n$ 的矩阵，$\boldsymbol{u},\boldsymbol{v}$ 是 n 维的列向量，则 vec 满足以下属性：

$$\mathrm{vec}(\boldsymbol{ACB})=(\boldsymbol{A}\otimes\boldsymbol{B}^{\mathrm{T}})\mathrm{vec}(\boldsymbol{C}), \tag{6.22}$$

$$\mathrm{tr}(\boldsymbol{AB})=\mathrm{vec}(\boldsymbol{A}^{\mathrm{T}})^{\mathrm{T}}\ \mathrm{vec}(\boldsymbol{B}), \tag{6.23}$$

$$\mathrm{vec}(\boldsymbol{uv}^{\dagger})=\boldsymbol{u}\otimes\boldsymbol{v}^{*}. \tag{6.24}$$

下面简要回顾一下 MO-1gQFA 和 MM-1gQFA 的相关定义。

一个 MO-1gQFA $\mathcal{A}$是一个五元组

$$\mathcal{A}=\{Q,\ \Sigma,\{\mathcal{E}_\sigma\}_{\sigma\in\sum},\rho_0,Q_{\mathrm{acc}}\},$$

其中，Q 是有限状态集；Σ 是有限输入字母表；ρ_0，即$\mathcal{M}$的初始状态，是$\mathcal{H}(Q)$上的一个密度算子；对于每个$\sigma\in\Sigma$，$\mathcal{E}_\sigma$ 是$\mathcal{H}(Q)$上的保迹量子运算；$Q_{\mathrm{acc}}\subseteq Q$ 是接受状态集，对应一个投影算子 $\boldsymbol{P}_{\mathrm{acc}}=\sum\limits_{q_i\in Q_{\mathrm{acc}}}|q_i\rangle\langle q_i|$。

对于输入串 $\sigma_1\sigma_2\cdots\sigma_k\in\Sigma^*$，MO-1gQFA $\mathcal{A}$的运行过程如下：从初始态 ρ_0 开始，量子运算$\mathcal{E}_{\sigma_1},\mathcal{E}_{\sigma_2},\cdots,\mathcal{E}_{\sigma_k}$ 依次作用在当前状态上，最后投影测量

$\{\boldsymbol{P}_{\text{acc}},\boldsymbol{P}_{\text{rej}}\}$ 作用在最终状态上，其中 $\boldsymbol{P}_{\text{rej}}=\boldsymbol{I}-\boldsymbol{P}_{\text{acc}}$，从而以一定概率获得接受结果，接受概率为

$$P_{\mathcal{A}}(\sigma_1\sigma_2\cdots\sigma_k)=\text{tr}(\boldsymbol{P}_{\text{acc}}\,\mathcal{E}_{\sigma_k}\circ\cdots\circ\mathcal{E}_{\sigma_2}\circ\mathcal{E}_{\sigma_1}(\rho_0)). \tag{6.25}$$

一个 MM-1gQFA $\mathcal{A}$是一个六元组

$$\mathcal{A}=\{Q,\Sigma,\{\mathcal{E}_\sigma\}_{\sigma\in\sum\cup\{\#,\$\}},\rho_0,Q_{\text{acc}},Q_{\text{rej}}\},$$

与 MO-1gQFA 定义类似，Q、Σ 和 ρ_0 分别是有限状态集，有限输入字母表和初始状态；另外有两个结束标记符，$\#,\$\notin\Sigma$ 分别是左结束标记和右结束标记；对每个 $\sigma\in\Sigma\cup\{\#,\$\}$，$\mathcal{E}_\sigma$ 是$\mathcal{H}(Q)$上的保迹量子运算；$Q_{\text{acc}}\subseteq Q$ 是接受状态集，$Q_{\text{rej}}\subseteq Q$ 是拒绝状态集，它们互不相交，并且记 $Q_{\text{non}}=Q\backslash(Q_{\text{acc}}\cup Q_{\text{rej}})$，称之为非停止状态集；对应地，有三个投影算子 $\boldsymbol{P}_{\text{acc}}$、$\boldsymbol{P}_{\text{rej}}$ 和 $\boldsymbol{P}_{\text{non}}$，分别表示到 Q_{acc}、Q_{rej} 和 Q_{non} 所生成子空间的投影算子。

MM-1gQFA $\mathcal{A}$的输入串具有以下形式：$\#x\$$，其中 $x\in\Sigma^*$。它对 $x=x_1x_2\cdots x_n\in\Sigma^*$ 的接受概率为

$$P_{\mathcal{A}}(x_1x_2\cdots x_n)=\sum_{k=0}^{n+1}\text{tr}\left(\boldsymbol{P}_{\text{acc}}\,\mathcal{E}_{x_k}\circ\prod_{i=0}^{k-1}\widetilde{\mathcal{E}}_{x_i}(\rho_0)\right), \tag{6.26}$$

其中，记 $x_0=\#$，$x_{n+1}=\$$，并有

$$\prod_{i=0}^{k}\widetilde{\mathcal{E}}_{x_i}=\widetilde{\mathcal{E}}_{x_k}\circ\cdots\circ\widetilde{\mathcal{E}}_{x_0}, \tag{6.27}$$

$$\widetilde{\mathcal{E}}_{x_i}(\rho)=\boldsymbol{P}_{\text{non}}\,\mathcal{E}_{x_i}(\rho)\boldsymbol{P}_{\text{non}}. \tag{6.28}$$

在第5章中已经讨论了 MO-1gQFA 和 MM-1gQFA 的等价性问题，这里回顾一下主要结论，它是后面解决最小化问题的基础。

定理 6.9 两个 MO-1gQFA（MM-1gQFA）$\mathcal{A}_1$ 和$\mathcal{A}_2$ 等价，当且仅当它们是$(n_1^2+n_2^2-1)$-等价的，其中 n_1 和 n_2 分别是$\mathcal{A}_1$ 和$\mathcal{A}_2$ 的状态数。

6.5.2 最小化问题

本节证明 MO-1gQFA 和 MM-1QFA 的最小化问题是可解的，首先讨论 MO-1gQFA 的最小化问题。

定理 6.10 MO-1gQFA 的最小化问题属于复杂性类 EXPSPACE。

证明 给定一个 MO-1gQFA $\mathcal{A}=(Q,\Sigma,\{\mathcal{E}_\sigma\}_{\sigma\in\sum},\rho_0,Q_{\text{acc}})$，目标是要找到另一个与$\mathcal{A}$等价的 MO-1gQFA $\mathcal{A}'$，使它在所有与$\mathcal{A}$等价的 MO-1gQFA 中状态数最小。

对于给定的 MO-1gQFA，设 $|Q| = n$，定义集合

$$\mathbb{S}_{\mathcal{A}}^{(n')} = \{\mathcal{A}' : \mathcal{A}' \text{ 是一个与}\mathcal{A}\text{等价的 MO-1gQFA，状态数为 } n'\}.$$

最小化算法如算法 6.1 所示，只是其中的输入输出都换成 MO-1gQFA。为了验证算法的正确性，根据定理 6.1，只需证明$\mathbb{S}_{\mathcal{A}}^{(n')}$可以用一组多项式等式或不等式表示。

令 MO-1gQFA $\mathcal{A}' = (Q', \Sigma, \{\mathcal{E}'_\sigma\}_{\sigma\in\Sigma}, \rho'_0, Q'_{acc})$。不失一般性，可以假设初始态 ρ'_0 是一个纯态，即 $\rho'_0 = |\varphi'_0\rangle\langle\varphi'_0|$，其中 $|\varphi'_0\rangle$ 是一个单位向量。假设 $|\varphi'_0\rangle = (x_1, x_2, \cdots, x_{n'})$，则有

$$\sum_{i=1}^{n'} x_i x_i^* = 1. \tag{6.29}$$

因此，与前面的讨论类似，可由 2 个实多项式来描述"$|\varphi'_0\rangle$ 是$\mathbb{C}^{n'}$ 中的单位向量"，所涉及的实变量的个数为 $2n'$。

对任意的 $\sigma \in \Sigma$，$\mathcal{E}'_\sigma$ 是$\mathbb{C}^{n'}$ 上的保迹量子运算。一个广为人知的结论是：保迹量子运算$\mathcal{E}$具有算子和表示，且算子元素的个数不会超过$\mathcal{E}$所在空间的维数的平方[122]。因此，对任意的 $\sigma \in \Sigma$，假设$\mathcal{E}'_\sigma$ 有算子和表示

$$\mathcal{E}'_\sigma(\rho) = \sum_{k=1}^{n'^2} \boldsymbol{E}_k \rho \boldsymbol{E}_k^\dagger, \tag{6.30}$$

其中，$\boldsymbol{E}_k = [e_{ij}^k]$ 是 $n' \times n'$ 的矩阵，它们满足以下条件：

$$\sum_{k=1}^{n'^2} \boldsymbol{E}_k \boldsymbol{E}_k^\dagger = \boldsymbol{I}. \tag{6.31}$$

因此，要描述$\mathcal{E}'_\sigma$ 是一个保迹量子运算这一事实，需要用到 n'^4 个复变量（e_{ij}^k，其中 i 和 j 取值从 1 到 n'，k 取值从 1 到 n'^2）和 n'^2 个复多项式（如式(6.31)所示）。进而根据备注 6.2 可知，共需要 $2n'^4$ 个实多项式来刻画$\mathcal{E}'_\sigma$，其中所含实变量的个数为 $2n'^2$。$\mathcal{E}'_\sigma$ 的总数目是 $|\Sigma|$。

类似于 MO-1QFA 的情形，接受状态集 Q'_{acc} 可由一个 n' 维的向量 $|\eta_{acc}\rangle = (\eta_1, \eta_2, \cdots, \eta_{n'})^\top$ 刻画，满足以下多项式等式：

$$\eta_i(\eta_i - 1) = 0, i = 1, 2, \cdots, n'. \tag{6.32}$$

其中，$\eta_i = 1$ 表示 q_i 是接受态，$\eta_i = 0$ 表示 q_i 不是接受态。

接下来的关键是说明$\mathcal{A}'$ 与$\mathcal{A}$等价这一事实也可以用一组多项式等式表示。首先，因为$\mathcal{A}'$ 与$\mathcal{A}$等价，根据定理 6.9，有

$$P_{\mathcal{A}'}(x) = P_{\mathcal{A}}(x) \tag{6.33}$$

对满足 $|x| \leqslant n^2 + n'^2 - 1$ 的 $x \in \sum^*$ 成立。$\mathcal{A}'$ 对 x 的接受概率是

$$P_{\mathcal{A}'}(x_1x_2\cdots x_m) = \mathrm{tr}(\boldsymbol{P}'_{\mathrm{acc}}\,\mathcal{E}'_{x_m} \circ \cdots \circ \mathcal{E}'_{x_2} \circ \mathcal{E}'_{x_1}(\rho'_0)). \tag{6.34}$$

利用 6.5.1 节介绍的线性映射 vec,可以把上述概率表示为另外的形式。对于 $\sigma \in \Sigma$,假设$\mathcal{E}'_\sigma(\rho) = \sum_{k=1}^{n'^2} \boldsymbol{E}_k^\sigma \rho_k^{\sigma\dagger}$,记

$$\boldsymbol{A}'_\sigma = \sum_k \boldsymbol{E}_k^\sigma \otimes \boldsymbol{E}_k^{\sigma *}. \tag{6.35}$$

根据式(6.22),有

$$\mathrm{vec}(\mathcal{E}'_{\sigma_1}(\rho)) = \boldsymbol{A}'_{\sigma_1}\mathrm{vec}(\rho), \tag{6.36}$$

$$\mathrm{vec}(\mathcal{E}'_{\sigma_2} \circ \mathcal{E}'_{\sigma_1}(\rho)) = \boldsymbol{A}'_{\sigma_2}\boldsymbol{A}'_{\sigma_1}\mathrm{vec}(\rho). \tag{6.37}$$

从而,$\mathcal{A}'$ 对 $x \in \Sigma^*$ 的接受概率可表示为

$$\begin{aligned} P_{\mathcal{A}'}(x_1x_2\cdots x_m) &= \mathrm{vec}(\boldsymbol{P}'_{\mathrm{acc}})^{\mathrm{T}}\boldsymbol{A}'_{x_m}\cdots\boldsymbol{A}'_{x_2}\boldsymbol{A}'_{x_1}\mathrm{vec}(\rho'_0) \\ &= \sum_{q_i \in Q_{\mathrm{acc}}} \langle q_i | \otimes \langle q_i | \boldsymbol{A}'_{x_m}\cdots\boldsymbol{A}'_{x_2}\boldsymbol{A}'_{x_1} | \varphi'_0\rangle \\ &\qquad \otimes | \psi'_0\rangle^* \\ &= \sum_{i=1}^{n'} \eta_i \langle q_i | \otimes \langle q_i | \boldsymbol{A}'_{x_m}\cdots\boldsymbol{A}'_{x_2}\boldsymbol{A}'_{x_1} | \varphi'_0\rangle \otimes | \psi'_0\rangle^* \end{aligned} \tag{6.38}$$

其中,η_i 是 $|\eta_{acc}\rangle = (\eta_1, \eta_2, \cdots, \eta_{n'})$ 的第 i 个元素。

式(6.38) 总是取得实值,并且可以用一个实多项式来表示,涉及的变量来自于描述 ρ'_0、$\mathcal{E}'_\sigma$ 和 Q'_{acc} 的变量。该多项式的次数为 $2|x|+3$。

因此,对满足 $|x| \leqslant n^2 + n'^2 - 1$ 的 $x \in \Sigma^*$,式(6.33) 可以用一个实多项式等式表示,因为左侧如上所述是一个实多项式,右侧对于给定的 MO-1gQFA $\mathcal{A}$是个定值。注意到,要把$\mathcal{A}'$ 与$\mathcal{A}$等价这一事实描述清楚所需多项式的个数是

$$P = 1 + |\Sigma|^1 + |\Sigma|^2 + \cdots + |\Sigma|^{n^2+n'^2-1}.$$

上述结论总结起来,即有:对于给定的 MO-1gQFA $\mathcal{A}$,设其输入字母表为Σ,任意一个与$\mathcal{A}$等价的 n'- 态 MO-1gQFA $\mathcal{A}' \in \mathbb{S}_{\mathcal{A}}^{(n')}$ 可以用一个实向量 $\boldsymbol{x} \in \mathbb{R}^{2|\Sigma|n'^4+3n'}$ 表示,该向量满足一组实多项式等式,它们由式(6.29) 和式(6.31) 至(6.33) 给出。所需实多项式的总数是

$$M = 2 + 2|\Sigma|n'^2 + n' + P.$$

这些多项式的最高次数是

$$d = 2(n'^2 + n^2 - 1) + 3.$$

因此,由定理 6.1 可知,存在一个算法,对任意的 $n' \leqslant n$ 可判断$\mathbb{S}_{\mathcal{A}}^{(n')}$ 是否非空,

算法所耗时间是

$$(Md)^{O(2|\Sigma|^{n'^4+3n'})} = (n^4|\Sigma| + n^2|\Sigma|^{n^2})^{O(|\Sigma|^{n^4})}.$$

如果把 $|\Sigma|$ 看成常量，则时间复杂度是 $2^{O(n^7)}$。进一步，如果 $\mathbb{S}_{\mathcal{A}}^{(n')}$ 非空，则存在一个算法可找到 $\mathbb{S}_{\mathcal{A}}^{(n')}$ 的一个元素，空间复杂度是

$$\tau d^{O(2|\Sigma|^{n'^4+3n'})} = \tau(n^2)^{O(|\Sigma|^{n^4})}.$$

若把 $|\Sigma|$ 看成常量，则空间复杂度为 $\tau 2^{O(n^5)}$。

因此，如算法 6.1 所示的过程可以用来找到一个与给定 MO-1gQFA 等价的最小 MO-1gQFA。 □

接下来讨论 MM-1gQFA 的最小化问题，方法与 MO-1gQFA 的最小化问题类似，只是在表示 MM-1gQFA 的接受概率时会复杂一些。下面先给出结论。

定理 6.11 MM-1gQFA 的最小化问题属于复杂性类 EXPSPACE。

证明 给定一个 MM-1gQFA $\mathcal{A} = (Q, \Sigma, \{\mathcal{E}_\sigma\}_{\sigma\in\{\#,\$\}\cup\Sigma}, \rho_0, Q_{\mathrm{acc}}, Q_{\mathrm{rej}})$，目标是要找到另一个与 $\mathcal{A}$ 等价的 MM-1gQFA $\mathcal{A}'$，使它在所有与 $\mathcal{A}$ 等价的 MM-1gQFA 中状态数最小。

对于给定的 MM-1gQFA $\mathcal{A}$，设 $|Q| = n$，定义集合

$$\mathbb{S}_{\mathcal{A}}^{(n')} = \{\mathcal{A}' : \mathcal{A}' \text{ 是一个与}\mathcal{A}\text{等价的 MM-1gQFA，状态数为 } n'\}.$$

最小化算法如算法 6.1 所示，只是其中的输入输出都换成 MM-1gQFA。为了验证算法的正确性，根据定理 6.1，只需证明 $\mathbb{S}_{\mathcal{A}}^{(n')}$ 可由一组多项式等式或不等式表示。

令 MM-1gQFA $\mathcal{A}' = (Q', \Sigma, \{\mathcal{E}'_\sigma\}_{\sigma\in\{\#,\$\}\cup\Sigma}, \rho'_0, Q'_{\mathrm{acc}}, Q'_{\mathrm{rej}})$。与前面关于 MO-1gQFA 的讨论类似，可知：① ρ'_0 可由 2 个含 $2n'$ 个实变量的实多项式表示；② 每个 $\mathcal{E}'_\sigma$ 可由 $2n'^4$ 个实多项式表示，所含实变量的个数为 $2n'^2$；③ 接受状态集 Q'_{acc} 可用一个 n' 维的向量 $|\eta_{acc}\rangle = (\eta_1, \eta_2, \cdots, \eta_{n'})^{\mathrm{T}}$ 表示，它满足 n' 个形如 $\eta_i(\eta_i - 1) = 0$ 的多项式等式。

类似地，非停止状态集 Q'_{non} 也可以用一个 n' 维的向量 $|\tau_{\mathrm{non}}\rangle = (\tau_1, \tau_2, \cdots, \tau_{n'})^{\mathrm{T}}$ 表示，它满足多项式等式

$$\tau_i(\tau_i - 1) = 0, i = 1, 2, \cdots, n', \tag{6.39}$$

其中，$\tau_i = 1$ 表示 q_i 是非停止态，$\tau_i = 0$ 表示 q_i 是停止态。

接下来关键步骤是证明 $\mathcal{A}'$ 与 $\mathcal{A}$ 等价这一事实也可以用一组多项式等式表示。首先，因为 $\mathcal{A}'$ 与 $\mathcal{A}$ 等价，根据定理 6.9，有

$$P_{\mathcal{A}'}(x) = P_{\mathcal{A}}(x) \tag{6.40}$$

对满足 $|x| \leqslant n^2 + n'^2 - 1$ 的 $x \in \Sigma^*$ 成立。

$\mathcal{A}'$ 接受 x 的概率是

$$P_{\mathcal{A}}(x_1 x_2 \cdots x_m) = \sum_{k=0}^{m+1} \operatorname{tr}\left(\boldsymbol{P}'_{\mathrm{acc}}\, \mathcal{E}'_{x_k} \circ \prod_{i=0}^{k-1} \widetilde{\mathcal{E}}'_{x_i}(\rho_0)\right), \tag{6.41}$$

其中,$x_0 = \#$,$x_{m+1} = \$$,并有

$$\prod_{i=0}^{k} \widetilde{\mathcal{E}}'_{x_i} = \widetilde{\mathcal{E}}'_{x_k} \circ \cdots\cdots \circ \widetilde{\mathcal{E}}'_{x_0}. \tag{6.42}$$

$$\widetilde{\mathcal{E}}_{x_i}(\rho) = \boldsymbol{P}'_{\mathrm{non}}\, \widetilde{\mathcal{E}}'_{x_i}(\rho) \boldsymbol{P}'_{\mathrm{non}}. \tag{6.43}$$

利用 6.5.1 节的线性映射 vec,上述概率可以表示为另一等价形式:

$$\begin{aligned} P_{\mathcal{A}'}(x_1 x_2 \cdots x_m) &= \sum_{k=0}^{m+1} \operatorname{vec}(\boldsymbol{P}'_{\mathrm{acc}})^{\top} \operatorname{vec}\left(\mathcal{E}'_{x_k} \circ \prod_{i=0}^{k-1} \widetilde{\mathcal{E}}'_{x_i}(\rho'_0)\right) \\ &= \sum_{k=0}^{m+1} \operatorname{vec}(\boldsymbol{P}'_{\mathrm{acc}})^{\top} \boldsymbol{A}'_{x_k} \operatorname{vec}\left(\prod_{i=0}^{k-1} \widetilde{\mathcal{E}}'_{x_i}(\rho'_0)\right) \\ &= \sum_{k=0}^{m+1} \operatorname{vec}(\boldsymbol{P}'_{\mathrm{acc}})^{\top} \boldsymbol{A}'_{x_k} \prod_{i=0}^{k-1} \widetilde{\boldsymbol{A}}'_{x_i} \operatorname{vec}(\rho'_0) \\ &= \sum_{j=1}^{n'} \eta_j \langle q_j | \otimes \langle q_j | \sum_{k=0}^{m+1} \boldsymbol{A}'_{x_k} \prod_{i=0}^{k-1} \widetilde{\boldsymbol{A}}'_{x_k} | \psi' \rangle \otimes | \psi' \rangle^* \end{aligned} \tag{6.44}$$

式中:

- $\boldsymbol{A}'_{\sigma} = \sum_k \boldsymbol{E}_k^{\sigma} \otimes \boldsymbol{E}_k^{\sigma *}$,对应于量子运算$\mathcal{E}'_{\sigma}(\rho) = \sum_{k=1}^{n'^2} \boldsymbol{E}_k^{\sigma} \rho \boldsymbol{E}_k^{\sigma \dagger}$。
- $\widetilde{\boldsymbol{A}} = (\boldsymbol{P}'_{\mathrm{non}} \otimes \boldsymbol{P}'^{\top}_{\mathrm{non}}) \boldsymbol{A}'_{\sigma}$,$\boldsymbol{P}'_{\mathrm{non}} = \operatorname{diag}[\tau_1, \tau_2, \cdots, \tau_{n'}]$,其中 τ_i 取自于 Q'_{non} 的特征向量 $|\tau_{\mathrm{non}}\rangle = (\tau_1, \tau_2, \cdots, \tau_{n'})^{\top}$。
- η_j 取自于 Q'_{acc} 的特征向量 $|\eta_{\mathrm{acc}}\rangle = (\eta_1, \eta_2, \cdots, \eta_{n'})^{\top}$。

可以看到,式(6.44)总是取得实值,并且可以用一个实多项式表示,其变量来自于描述 ρ'_0、$\mathcal{E}'_{\sigma}$、Q'_{acc}、Q'_{non} 的变量。同时注意到,式(6.44)可以看成是 $|x|+2$ 个多项式之和(k 取值从 0 到 $|x|+1$)。当 $k = |x|+1$ 时,多项式的次数达到最高值 $4|x|+9$。

因此,对于满足 $|x| \leqslant n^2 + n'^2 - 1$ 的 $x \in \Sigma^*$,式(6.40)可以用一个实多项式等式来表示,因为左侧如上所述是一个实多项式,右侧对于给定的 MM-1gQFA $\mathcal{A}$是个定值。注意到,要把$\mathcal{A}'$ 与$\mathcal{A}$等价这一事实描述清楚所需

多项式的个数是

$$P = 1 + |\Sigma|^1 + |\Sigma|^2 + \cdots + |\Sigma|^{n'^2+n^2-1}.$$

上述结论总结起来，即有：对于给定的 MM-1gQFA $\mathcal{A}$，设其输入字母表为Σ，任意一个与$\mathcal{A}$等价的n'-态 MM-1gQFA $\mathcal{A}' \in \mathbb{S}_{\mathcal{A}}^{(n')}$可以用一个实向量$\boldsymbol{x} \in \mathbb{R}^{2(|\Sigma|n'^4+2)+4n'}$表示，该向量满足一组实多项式等式，它们由式(6.29)、(6.31)～(6.32)、(6.39)～(6.40)给出。所需实多项式的总数是

$$M = 2 + 2(|\Sigma| + 2)n'^2 + 2n' + P.$$

这些多项式的最高次数是

$$d = 4(n'^2 + n^2 - 1) + 9.$$

因此，由定理 6.1 可知，存在一个算法，对任意的$n' \leqslant n$可判断$\mathbb{S}_{\mathcal{A}}^{(n')}$是否非空，算法所耗时间是

$$(Md)^{O(2(|\Sigma|+2)n'^4+4n')} = (n^4|\Sigma| + n^2|\Sigma|^{n^2})^{O(|\Sigma|n^4)}.$$

如果把$|\Sigma|$看成常量，则时间复杂度是$2^{O(n^7)}$。进一步地，如果$\mathbb{S}_{\mathcal{A}}^{(n')}$非空，则存在一个算法可找到$\mathbb{S}_{\mathcal{A}}^{(n')}$的一个元素，空间复杂度是

$$\tau d^{O(2(|\Sigma|+2)n'^4+4n')} = \tau(n^2)^{O(|\Sigma|n^4)}.$$

若把$|\Sigma|$看成常量，则空间复杂度是$\tau 2^{O(n^5)}$.

因此，如算法 6.1 所示的算法过程可以用来找到一个与给定 MM-1gQFA 等价的最小 MM-1gQFA。 □

6.6 本章小结

本章证明概率有限自动机和几类主要 QFA（包括 MO-1QFA、MM-1QFA、MO-1gQFA 和 MM-1gQFA）的最小化问题是可解的，即存在一个算法，对任意给定的一个上述自动机，可以找到一个状态数最小的同类型自动机与之等价。这方面的结果来自作者及合作者在文献[115]中的研究工作。另外，多字符 QFA 的最小化问题也是可解的，思路与本章类似，读者可参考文献[121]。

参考文献

[1] 李绿周. 量子计算机模型的等价性判定及量子通信中的若干基本问题[D]. 广州：中山大学，2009.

[2] LANDAUER R. Irreversibility and heat generation in the computing process[J]. IBM J. Res. Dev. ,1961,5(3):183-191.

[3] BENNETT C. Logical reversibility of computation[J]. IBM J. Res. Dev, 1973,17(5): 525-532.

[4] SAEEDI M, MARKOV I L. Synthesis and optimization of reversible circuits—a survey[J]. ACM Computing Surveys (CSUR), 2013, 45(2):Article No. 21.

[5] BENIOFF P. The computer as a physical system: a microscopic quantum mechanical Hamiltonian model of computers as represented by Turing machines[J]. Journal of Statistical Physics, 1980, 22(5):563-591.

[6] FEYNMAN R P. Simulating physics with computers[J]. International Journal of Theoretical Physics, 1982, 21(6-7):467-488.

[7] DEUTSCH D. Quantum theory, the Church-Turing principle and the universal quantum computer[J]. Proc. R. Soc. Lond. A, 1985, 400(1818):97-117.

[8] YAO A C. Quantum circuit complexity[C]//Proc. 34th IEEE Symp. on Foundations of Computer science, 1993:352-361.

[9] SHOR P W. Algorithms for quantum computation: discrete log and factoring[C]//Proc. 35th IEEE Annu. Symp. on Foundations of Computer Science. Santa Fe, New Maxico, 1994: 124-134.

[10] GROVER L K. A fast quantum mechanical algorithm for database search[C]//Proc. 28th Annu. ACM Symp. on Theory of Computing. Philadelphia, Pennsylvania, USA, 1996: 212-219.

[11] HOPCROFT J E, ULLMAN J D. Introduction to Automata Theory, Languages,

and Computation[M]. New York: AddisionWesley, 1979.

[12] MOORE C, CRUTCHFIELD J P. Quantum automata and quantum grammars[J]. Theoretical Computer Science, 2000, 237(1-2):275-306.

[13] KONDACS A, WATROUS J. On the power of quantum finite state automata[C]// Proceedings of the 38th IEEE Annual Symposium on Foundations of Computer Science, 1997:66-75.

[14] BRODSKY A, PIPPENGER N. Characterizations of one way quantum finite automata[J]. SIAM Journal on Computing, 2002, 31(5):1456-1478.

[15] AMBAINIS A, FREIVALDS R. One way quantum finite automata: strengths, weaknesses and generalizations[C]//Proceedings of the 39th Annual Symposium on Foundations of Computer Science. Palo Alfo, California, 1998: 332-341.

[16] GUDDER S. Quantum computers[J]. International Journal of Theoretical Physics, 2000, 39(9):2151-2177.

[17] QIU D W. Characterization of sequential quantum machines[J]. International Journal of Theoretical Physics, 2002, 41(5):811-822.

[18] LI L Z, QIU D W. Determination of equivalence between quantum sequential machines[J]. Theoretical Computer Science, 2006, 358(1):65-74.

[19] GOLOVKINS M. Quantum pushdown automata[C]// Proc. 27th Conf. on Current Trends in Theory and Practice of Informatics, volume 1963 of Lecture Notes in Computer Science. Milovy, Czech Republic. Springer, 2000: 336-346.

[20] QIU D W. Quantum pushdown automata[J]. International Journal of Theoretical Physics, 41(9): 1627-1639.

[21] QIU D W, YING M S. Characterization of quantum automata[J]. Theoretical Computer Science, 2004, 312:479-489.

[22] NAKANISHI M. On the power of one-sided error quantum pushdown automata with classical stack operations[C]//Proceedings of the 10th Annual International Computing and Combinatorics Conference (COCOON 2004), Volume 3106 of Lecture Notes in Computer Science. Springer, 2004: 179-187.

[23] BERNSTEIN E, VAZIRANI U. Quantum complexity theory[J]. SIAM Journal on Computing, 1997, 26(5):1411-1473.

[24] ADLEMAN L, DEMARRAIS J, HUANG H. Quantum computability[J]. SIAM Journal on Computing, 1997, 26(5):1524-1540.

[25] HIRVENSALO M. On quantum computation[D]. Turku: Turku Center for Computer Science, 1997.

[26] NISHIMURA H, OZAWA M. Computational complexity of uniform quantum circuit families and quantum turing machines[J]. Theoretical Computer Science, 2002, 276(1-2):147-181.

[27] MÜLLER M. Strongly universal quantum turing machines and invariance of kolmogorov complexity [J]. IEEE Transaction on Information Theory, 2008, 54(2):763-780.

[28] QIU D W. Simulations of quantum turing machines by quantum multistack machines [C]//Computability in Europe (CIE 2008). Athens, Greece, 2008.

[29] KRAVTSEV M. Quantum finite one counter automata[C]// SOFSEM 1999, volume 1 725 of Lecture Notes in Computer Science. Springer, 1999: 431-440.

[30]YAMASAKI T, KOBAUASHI H, IMAI H. Quantum versus deterministic counter automata[J]. Theoretical Computer Science, 2005, 334(1-3):275-297.

[31] YAMASAKI T, KOBAYASHI H, TOKUNAGA Y, et al. One way probabilistic reversible and quantum one counter automata[J]. Theoretical Computer Science, 2002, 289(2):963-976.

[32] YAKARYILMAZ A, CEM SAY A C. Quantum counter automata[J]. International Journal of Foundations of Computer Science, 2012, 23(5):1099-1116.

[33] GRÖSSING G, ZEILINGER A. Quantum cellular automata[J]. Complex Systems, 1988, 2(2):197-208.

[34] WATROUS J. On one dimensional cellular automata[C]// Proceedings of the 36th IEEE Annual Symposium on Foundations of Computer Science, 1995: 528-537.

[35] GRUSKA J. Quantum Computing[M]. London: McGraw Hill, 1999.

[36] DÙRR C, SANTHA M. A decision procedure for unitary linear quantum cellular automata[J]. SIAM Journal on Computing, 2002, 31(4):1076-1089.

[37] MACUCCI M (editor). Quantum Cellular Automata: Theory, Experimentation And Prospects[M]. London: Imperial College Press, 2006.

[38] YING M S. Automata theory based on quantum logic I[J]. International Journal of Theoretical Physics, 2000, 39:981-991.

[39] YING M S. Automata theory based on quantum logic II[J]. International Journal of Theoretical Physics, 2000, 39(11):2545-2557

[40] QIU D W. Automata and grammar theory based on quantum logic[J]. Journal of Software, 2003,14(1):23-27. (in Chinese)

[41] QIU D W. Automata theory based on quantum logic: Some characterizations[J]. Information and Computation, 2004, 190(2):179-195.

[42] YING M S. A theory of computation based on quantum logic (I) [J]. Theoretical Computer Science, 2005, 344(2-3):134-207.

[43] QIU D W. Automata theory based on quantum logic: reversibilities and pushdown automata[J]. Theoretical Computer Science ,2007, 386(1-2):38-56.

[44] QIU D W. Notes on automata theory based on quantum logic[J]. Science in China (Series F: Information Sciences), 2007, 50(2):154-169.

[45] SHANG Y, LU X, LU R Q. Automata theory based on unsharp quantum logic[J]. Mathematical Structures in Computer Science, 2009, 19(4):737-756.

[46] LI Y M. Finite state automata based on quantum logic and monadic second order quantum logic[J]. Science in China (Series F: Information Sciences) , 2010, 53(1):101-114.

[47] SHANG Y, LU X, LU R Q. A theory of computation based on unsharp quantum logic: Finite state automata and pushdown automata[J]. Theoretical Computer Science, 2012, 434:53-86.

[48] QIU D W, LI L Z. An overview of quantum computation models: quantum automata[J]. Frontiers of Computer Science in China, 2008, 2(2):193-207.

[49] QIU D W, LI L Z, MATEUS P, et al. Quantum finite automata[M]// Wang J C, editor. Handbook of Finite State Based Models and Applications. Boca Raton: CRC Press, 2012: 113-144.

[50] AMANO M, IWAMA K. Undecidability on quantum finite automata [C]// Proceedings of the 31st Annual ACM Symposium on Theory of Computing. Atlanta, Georgia, USA,1999: 368-375.

[51] AMBAINIS A, NAYAK A, TASHMA A, et al. Dense quantum coding and quantum automata[J]. Journal of the ACM, 2002, 49(4):495-511.

[52] AMBAINIS A, BEAUDRY M, GOLOVKINS M, et al. Algebraic results on quantum automata[J]. Theory of Computing Systems, 2006, 39(1):165-188.

[53] PASCHEN K. Quantum finite automata using ancilla qubits[R]. Technical report, University of Karlsruhe, 2000.

[54] HIRVENSALO M. Quantum automata with open time evolution[J]. International Journal of Natural Computing Research, 2010, 1:70-85.

[55] HIRVENSALO M. Various aspects of finite quantum automata[M]//DLT 2008, volume 5257 of Lecture Notes in Computer Science. Berlin: Springer, 2008: 21-33..

[56] Yakaryilmaz A, Cem Say A C. Unbounded error quantum computation with small

space bounds[J]. Information and Computation, 2011, 209(6):873-892.

[57] LI L Z, QIU D W, ZOU X F, et al. Characterizations of one way general quantum finite automata[J]. Theoretical Computer Science, 2012, 419:73-91.

[58] RAUSSENDORF R, BRIEGEL H J. A one way quantum computer[J]. Physical Review Letters, 2001, 86(22):5188-5191.

[59] DANOS V, KASHEFI E, PANANGADEN P. The measurement calculus[J]. Journal of the ACM, 2007, 54(2):Article 8.

[60] BRIEGEL H J, BROWNE D E, DÜR W, et al. Measurement based quantum computation[J]. Nature Physics, 2009, 5:19-26.

[61] BERTONI A, MEREGHETTI C, PALANO B. Trace monoids with idempotent generators and measure only quantum automata[J]. Natural Computing, 2010, 9(2):383-395.

[62] COMIN C, BIANCHI M P. Algebraic characterization of the class of languages recognized by measure only quantum automata[EB/OL]. arXiv:1206.1702, 2012.

[63] LI L Z, FENG Y. On hybrid models of quantum finite automata[J]. Journal of Computer and System Sciences, 2015, 80:1144-1158.

[64] BERTONI A, MEREGHETTI C, PALANO B. Quantum computing: 1 way quantum automata[C]// Proceedings of the 9th International Conference on Developments in Language Theory (DLT 2003), Volume 2710 of Lecture Notes in Computer Science. Berlin: Springer, 2003: 1-20.

[65] AMBAINIS A, WATROUS J. Two way finite automata with quantum and classical states[J]. Theoretical Computer Science, 2002, 287(1):299-311.

[66] QIU D W, LI L Z, MATEUS P, et al. Exponentially more concise quantum recognition of non-RMM regular languages[J]. Journal of Computer and System Sciences, 2015,81(2):359-375.

[67] ZHENG S G, LI L Z, QIU D W. Two-tape finite automata with quantum and classical states[J]. International Journal of Theoretical Physics, 2011, 50: 1262-1281.

[68] ZHENG S G, QIU D W, LI LZ. Some languages recognized by two-way finite automata with quantum and classical states[J]. International Journal of Foundations of Computer Science, 2012, 23(5):1117-1129.

[69] ZHENG S G, QIU D W, GRUSKA J, et al. State succinctness of two way finite automata with quantum and classical states[J]. arXiv: 1202.2651 (to appear in Theoretical Computer Science), 2012.

[70] MEREGHETTI C, PALANO B. Quantum finite automata with control language [J]. Theoretical Informatics and Applications, 2006, 40(2):315-332.

[71] FREIVALDS R. Probabilistic two way machines[M]// Proc. Internat. Symp. on Mathematical Foundations of Computer Science, Volume 188 of Lecture Notes in Computer Science. Berlin, Germany: Springer, 1981: 33-45.

[72] DWORK C, STOCKMEYER L. A time complexity gap for two way probabilistic finite state automata[J]. SIAM Journal on Computing, 1990, 19(6):1011-1023.

[73] KANEPS J, FREIVALDS R. Running time to recognize nonregular languages by 2 way probabilistic automata [C]// Proc. 18th Internat. Colloq. on Automata, Languages and Programming, volume 510 of Lecture Notes in Computer Science. Berlin: Springer, 1991: 74-185.

[74] DWORK C, STOCKMEYER L. Finite state verifiers Ⅰ: The power of interaction [J]. Journal of the ACM, 1992, 39(4):800-828.

[75] YU S. Regular languages[M]// Rozenberg G, Salomaa A (ed.). Handbook of Formal Languages. Berlin: Springer Verlag,1998: 41-110.

[76] NAYAK A. Optimal lower bounds for quantum automata and random access codes [C]// Proceedings of the 40th Annual Symposium on Foundations of Computer Science. IEEE Computer Society,1999: 369-376.

[77] KIKUSTS A. A small 1 way quantum finite automaton[Z]. quant-ph/9810065, 1998.

[78] ABLAYEV F, GAINUTDINOVA A. On the lower bounds for one way quantum automata[M]// MFCS 2000, Volume 1893 of Lecture Notes in Computer Science. Berlin: Springer, 2000: 132-140.

[79] BERTONI A, MEREGHETTI C, PALANO B. Lower bounds on the size of quantum automata accepting unary languages[M]// ICTCS 2003, Volume 2841 of Lecture Notes in Computer Science. Berlin: Springer, 2003: 86-96.

[80] BERTONI A, MEREGHETTI C, PALANO B. Small size quantum automata recognizing some regular languages [J]. Theoretical Computer Science, 2005, 340(2):394-407.

[81] BERTONI A, MEREGHETTI C, PALANO B. Some formal tools for analyzing quantum automata[J]. Theoretical Computer Science, 2006, 356(1-2):14-25.

[82] MEREGHETTI C, PALANO B. Upper bounds on the size of one way quantum finite automata[M]// ICTCS 2001, Volume 2202 of Lecture Notes in Computer Science. Berlin: Springer, 2001: 123-135.

[83] MEREGHETTI C, PALANO B. On the size of one way quantum finite automata

with periodic behaviors[J]. Theoretical Informatics and Applications, 2002, 36(3): 277-291.

[84] MEREGHETTI C, PALANO B. Quantum automata for some multiperiodic languages[J]. Theoretical Computer Science, 2007, 387(2):177-186.

[85] KUSHILEVITZ E. Communication Complexity[M]. Cambridge: Cambridge University Press,1997.

[86] HROMKOVIČ J. Communication Complexity and Parallel Computing[M]. Berlin: Springer, 1997.

[87] HROMKOVIČ J. Relation between chomsky hierarchy and communication complexity hierarchy[J]. Acta Math. Univ. Comenian (N. S.) ,1986, 48-49: 311-317.

[88] HROMKOVIČ J, Seiberta S, Karhumaki J, et al. Measures of nondeterminism in finite automata[M]// ICALP 2000, Volume 1853 of Lecture Notes in Computer Science. Berlin: Springer, 2000: 199-210.

[89] HROMKOVIČ J, KARHUMAKI J, KLAUCK H, et al. Communication complexity method for measuring nondeterminism in finite automata [J]. Information and Computation, 2002, 172(2):202-217.

[90] HROMKOVIČ J, SCHNITGERC G. On the power of Las Vegas for one-way communication complexity, OBDDs, and finite automata [J]. Information and Computation, 2001, 169(2):284-296.

[91] DĎURIŠ P, HROMKOVIČ J, ROLIM J D P, et al. Las vegas versus determinism for one way communication complexity, finite automata, and polynomial-time computations [M]// STACS 1997, Volume 1200 of Lecture Notes in Computer Science. Berlin: Springer, 1997:117-128.

[92] JIRASKOVA G. Note on minimal automata and uniform communication protocols [M]// Vide C M, Mitrana V, Păun G (editors). Grammars and automata for string processing. Boca Raton: CRC Press, 2003: 163-170.

[93] DE WOLF R. Quantum communication and complexity[J]. Theoretical Computer Science, 2002, 287(1):337-353.

[94] BRASSARD G. Quantum communication complexity[J]. Foundations of Physics, 2003, 33(11):1593-1616.

[95] BUHRMAN H, CLEVE R, MASSAR S, et al. Nonlocality and communication

complexity[J]. Reviews of modern physics, 2010, 82(1):665-698.

[96] KLAUCK H. On quantum and probabilistic communication: Las vegas and one-way protocols [C]// Proceedings of the 32nd ACM Symposium on Theory of Computing, 2000: 644-651.

[97] BABAI L. Trading group theory for randomness[C]// Proceedings of the 17th ACM Symposium on Theory of Computing, 1985: 421-429.

[98] BABAI L, MORAN S. Arthur-merlin games: a randomized proof system, and a hierarchy of complexity classes[J]. J. Comput. Syst. Sci., 1988, 36(2):254-276.

[99] GOLDWASSER S, MICALI S, RACKOFF C. The knowledge complexity of interactive proof systems[C]// Proceedings of the 17th ACM Symposium on Theory of Computing, 1985: 291-304.

[100] GOLDWASSER S, MICALI S, RACKOFF C. The knowledge complexity of interactive proof systems[J]. SIAM J. Comput., 1989, 18(1):186-208.

[101] WATROUS J. Space-bounded quantum complexity[J]. Journal of Computer and System Sciences, 1999, 59(2):281-326.

[102] JAIN R, JI Z, UPADHYAY S, et al. QIP=PSPACE[J]. Journal of the ACM, 2011, 58(6): Article No. 30.

[103] NISHIMURA H, YAMAKAMI T. An application of quantum finite automata to interactive proof systems[J]. Journal of Computer and System Sciences, 2009, 75(4):255-269.

[104] ZHENG S G, GRUSKA J, QIU D W. Power of the interactive proof systems with verifiers modeled by semi quantum two-way finite automata[J]. Information and Computation, 2015,241:197-214.

[105] BAIER C, KATOEN J P. Principles of Model Checking[M]. Cambridge: The MIT Press, 2008.

[106] YING M S, LI Y J, YU N K, et al. Model-checking linear time properties of quantum systems[EB/OL]. arXiv:1101.0303, 2011.

[107] FENG Y, YU N K, YING M S. Model checking quantum markov chains[J]. Journal of Computer and System Sciences, 2013, 79(7):1181-1198.

[108] LI L Z, FENG Y. Quantum Markov chains: description of hybrid systems, decidability of equivalence, and model checking linear time properties [J]. Information and Computation, 2015, 244:229-244.

[109] HOLZER M, KUTRIB M. Descriptional and computational complexity of finite automata a survey[J]. Information and Computation, 2011, 209(3):456-470.

[110] HOPCROFT J. An n log n algorithm for minimizing the state in a finite automaton [M]// The Theory of Machines and Computations. New York: Academic Press, 1971:189-196.

[111] PAZ A. Introduction to Probabilistic Automata[M]. New York: Academic Press, 1971.

[112] TZENG W G. A polynomial-time algorithm for the equivalence of probabilistic automata[J]. SIAM Journal on Computing, 1992, 21(2):216-227.

[113] KIEFER S, MURAWSKI A S, OUAKNINE J, et al. Language equivalence for probabilistic automata [M]// CAV 2011, Volume 6806 of Lecture Notes in Computer Science. Berlin: Springer, 2011: 526-540.

[114] MURAWSKI A S, OUAKNINE J. On probabilistic program equivalence and refinement[C]// CONCUR 2005, Volume 3653 of Lecture Notes in Computer Science. Berlin: Springer, 2005:156-170.

[115] MATEUS P, QIU D W, LI L Z. On the complexity of minimizing probabilistic and quantum automata[J]. Information and Computation, 2012, 218(2):36-53.

[116] LI L Z, QIU D W. A note on quantum sequential machines[J]. Theoretical Computer Science, 2009, 410(26):2529-2535.

[117] KOSHIBA T. Polynomial-time algorithms for the equivalence for one-way quantum finite automata [C]// Proceedings of the 12th International Symposium on Algorithms and Computation (ISAAC 2001), Volume 2223 of Lecture Notes in Computer Science. Berlin: Springer, 2001: 268-278.

[118] GRUSKA J. Descriptional complexity issues in quantum computing[J]. Journal of Automata, Languages and combinatorics, 2000, 5(3):191-218.

[119] LI L Z, QIU D W. Determining the equivalence for one way quantum finite automata[J]. Theoretical Computer Science, 2008, 403(1):42-51.

[120] QIU D W, YU S. Hierarchy and equivalence of multi letter quantum finite automata[J]. Theoretical Computer Science, 2009, 410(30-32):3006-3017.

[121] QIU D W, LI L Z, ZOU X F, et al. Multi letter quantum finite automata: decidability of the equivalence and minimization of states[J]. Acta informatica, 2011, 48(5-6):271-290.

[122] NIELSEN M A, CHUANG I L. Quantum Computation and Quantum Information [M]. Cambridge: Cambridge University Press, 2000.

[123] HOPCROFT J E, MOTWANI R, ULLMAN J D. Introduction to Automata Theory, Languages, and Computation[M]. New York: Addision Wesley, 2001.

[124] RABIN M O. Probabilistic automata[J]. Information and Control, 1963, 6(3): 230-244.

[125] BERTONI A, CARPENTIERI M. Analogies and differences between quantum and stochastic automata[J]. Theoretical Computer Science, 2001, 262(1-2):69-81.

[126] BERTONI A, CARPENTIERI M. Regular languages accepted by quantum automata[J]. Information and Computation, 2001, 165(2):174-182.

[127] BLONDEL V D, JEANDEL E, KOIRAN P, et al. Decidable and undecidable problems about quantum automata[J]. SIAM Journal on Computing, 2005, 34(6):1464-1473.

[128] HIRVENSALO M. Improved undecidability results on the emptiness problem of probabilistic and quantum cut-point languages[C]// SOFSEM 2007, Volume 4362 of Lecture Notes in Computer Science. Berlin: Springer, 2007: 309-319.

[129] AMBAINIS A, NAHIMOVS N. Improved constructions of quantum automata[J]. Theoretical Computer Science, 2002, 410(20):1916-1922.

[130] DZELME-BERZINA I. Mathematical logic and quantum finite state automata[J]. Theoretical Computer Science, 2009, 410(20):1952-1959.

[131] AMBAINIS A, YAKARYILMAZ A. Superiority of exact quantum automata for promise problems[J]. Information Processing Letters, 2012, 112(7):289-291.

[132] LI L Z, QIU D W. Revisiting the power and equivalence of one-way quantum finite automata[C]// ICIC 2010, Volume 6216 of Lecture Notes in Computer Science. Berlin: Springer, 2010: 1-8.

[133] YAKARYILMAZ A, CEM SAY A C. Languages recognized with unbounded error by quantum finite automata[C]// Proceedings of the 4th Computer Science Symposium in Russia, Volume 5675 of Lecture Notes in Computer Science. Berlin: Springer, 2009:356-367.

[134] YAKARYILMAZ A, CEM SAY A C. Languages recognized by nondeterministic quantum finite automata[J]. Quantum Information and Computation, 2010, 10: 747-770.

[135] AMBAINIS A, KIKUSTS A. Exact results for accepting probabilities of quantum automata[J]. Theoretical Computer Science, 2003, 295(1-3):3-25.

[136] AMBAINIS A, BONNER R, FREIVALDS R, et al. Probabilities to accept languages by quantum finite automata[C]//Computation and Combina torics, Volume 1627 of Lecture Notes in Computer Science. Berlin: Springer, 1999: 174-183.

[137] AMBAINIS A, KIKUSTS A, VALDATS M. On the class of languages recognizable by 1 way quantum finite automata [C]// Proc. 18th Annual Symposium on Theoretical Aspects of Computer Science, Volume 2010 of Lecture Notes in Computer Science. Berlin: Springer, 2001: 305-316.

[138] GOLOVKINS M, KRAVTSEV M. Probabilistic reversible automata and quantum automata[M]//COCOON 2002, Volume 2387 of Lecture Notes in Computer Science. Berlin: Springer, 2002:574-583.

[139] GOLOVKINS M, KRAVTSEV M, KRAVCEVS V. On a class of languages recognizable by probabilistic reversible decide and halt automata[J]. Theoretical Computer Science. Berlin: Springer, 2009, 410:1942-1951.

[140] YAKARYILMAZ A, CEM SAY A C. Efficient probability amplification in two-way quantum finite automata[J]. Theoretical Computer Science, 2009, 410(20): 1932-1941.

[141] QIU D W. Some observations on two-way finite automata with quantum and classical states[C]// Proceedings of the 4th International Conference on Intelligent Computing, Volume 5226 of Lecture Notes in Computer Science. Berlin: Springer, 2008: 1-8.

[142] ZHENG S G, QIU D W, LI L Z, et al. One way finite automata with quantum and classical states [M]// Rozenberg G, Salomaa A (editors). Languages Alive, Volume 7300 of Lecture Notes in Computer Science. Berlin: Springer Verlag, 2012:273-290.

[143] BELOVS A, ROSMANIS A, SMOTROVS J. Multi letter reversible and quantum finite automata [C]// DLT 2007, Volume 4588 of Lecture Notes in Computer Science. Berlin: Springer, 2007:60-71.

[144] TURAKAINEN P. Generalized automata and stochastic languages [J]. Proc. Amer. Math. Soc., 1969, 21(5):303-309.

[145] FADDEEV D K, FADDEEVA V N. Computational Methods of Linear Algebra [M]. San Francisco: W. H. Freeman, 1963.

[146] JEANDEL E. Topological automata[J]. Theory of Computing Systems, 2007, 40:397-407.

[147] HORN R A, JOHNSON C R. Matrix Analysis [M]. Cambridge: Cambridge University Press, 1986.

[148] QIU D W. Minimum-error discrimination between mixed quantum states [J]. Physical Review A, 2008, 77(1):012328.

[149] BASU S, POLLACK R, COISE R M F. Algorithms in Real Algebraic Geometry [M]. 2nd Edition. Berlin: Springer, 2006.

[150] CANNY J. Some algebraic and geometric computations in pspace [C]// Proceedings of the 20th annual ACM Symposium on Theory of Computing. New York: ACM, 1988: 460-469.

[151] RENEGAR J. A faster PSPACE algorithm for deciding the existential theory of the reals[C]// Proceedings of the 29th Annual Symposium on Foundations of Computer Science. Washinton DC: IEEE Computer Society Press, 1988: 291-295.

索 引